科学。奥妙无穷 ▶

HELIU
DE
YISHENG

于川 张玲 刘小玲 编著

# 河流的一生

中国出版集团
现代出版社

目录

目

录

# ● 纵横交错的河流

河流通常是指陆地河流，由一定区域内地表水和地下水补给，经常或间歇地沿着狭长凹地流动的水流。河流一般是在高山地方做源头，然后沿地势向下流，一直流入像湖泊或海洋般的终点。河流是地球上水文循环的重要路径，是泥沙、盐类和化学元素等进入湖泊、海洋的通道。

## 河流的形成 >

从世界范围来看，河流之水主要来自降水、地下水或高山融雪，而这些都是在山脉一带出现，所以河流的源头通常是山脉。河流通常是沿地势，从源头往下流，一直流经大海或湖泊为止。基本上世界各地河流的源头都是在高山、高原地带。

瞎尾河——尼雅河

每条河流都有河源和河口。河源是指河流的发源地，有的是泉水，有的是湖泊、沼泽或是冰川，各河河源情况不尽相同。河口是河流的终点，即河流汇入海洋、其他河流（例如支流汇入干流）、湖泊、沼泽或其他水体的地方。在干旱的沙漠区，有些河流河水沿途消耗于渗漏和蒸发，最后消失在沙漠中，这种河流称为"瞎尾河"。

除河源和河口外，每一条河流根据

苏伊士运河

水文和河谷地形特征，分为上、中、下游三段。上游比降大，流速大，冲刷占优势，河槽多为基岩或砾石；中游比降和流速减小，流量加大，冲刷、淤积都不严重，但河流侧蚀有所发展，河槽多为粗砂；下游比降平缓，流速较小，但流量大，淤积占优势，多浅滩或沙洲，河槽多细砂或淤泥。通常大江大河在入海处都会分多条入海，形成河口三角洲。为沟通不同河流、水系与海洋，发展水上交通运输而开挖的人工河道称为运河，也称渠。为分泄河流洪水，人工开挖的河道称为减河。

减河

## 河流的名称 〉

　　河流在我国的称谓很多, 较大的称江、河、川、水, 较小的称溪、涧、沟、曲等。藏语称藏布, 蒙古语称郭勒。

　　江: 古代指长江, 今已成为河流用词。

　　河: 古代指黄河, 今已成为河流用词。

　　水: 古代河流用词, 今多已不用, 但有少量例外, 如汉水。

　　川: 日本河流用词。

##  江与河的区别

我们习惯上说大江大河，但是对于什么时候叫江、什么时候叫河，并没有一个固定的说法。两者到底有什么样的区别呢？

区别一：有人认为，江与河的区别体现在地域上，即北方的河流多以"河"命名，如黄河、淮河、渭河、经河、洛河、汾河、青河、辽河、饮马河、沁河、柴达木河、塔里木河等等；而南方的河流多以"江"命名，如长江、珠江、钱塘江、岷江、怒江、金沙江、澜沧江、雅鲁藏布江、漓江、丽江、九龙江等等。那么北方地区的嫩江、鸭绿江、黑龙江、松花江、乌苏里江以及南方地区浏阳河之类的河又为何成为例外呢？这就涉及第二个区别。

区别二：这些在北方被称为"江"的河流，其共同之处在于长度、流量、流域和规

模上是较大的，所以除了地域对河流命名的习惯外，人们通常会把一些小的河流称为"河"，而对于大一点的"河"人们习惯上称之为"江"。

区别三：关于江与河的区别还有第三种看法。一般情况下，在我国境内，通常把注入内海或者湖泊的河流叫河，例如注入渤海的黄河和辽河，注入罗布泊的塔里木河等；而通常把注入外海或大洋的河流叫江，例如注入黄海的长江，注入南海的珠江等。但是对于我国岛屿上的河流，无论其注入哪里，都叫河或溪，例如万泉河、浊水溪、大甲溪等。而对于外国的河流，无论其长短，无论其注入内海、湖泊，还是外海、大洋，一般情况下都叫河。例如尼罗河、亚马逊河、密西西比河、勒拿河、叶尼塞河、鄂毕河、圣劳伦斯河、拉普拉塔河等等。外国的河流，叫江的极少。

## 河流的分类 〉

从河流终点来看，河流可分为内流河和外流河。

内流河：最终未注入海洋的河流为内流河。

外流河：最终注入海洋的河流为外流河。

内流河所在流域称为内流区，外流河所在流域称为外流区，既不属于内流区也不属于外流区的陆地区域则称为无流区。

我国境内的河流，仅流域面积在1000平方千米以上的就有1500多条。全国径流总量达27000多亿立方米，相当于全球径流总量的5.8%。由于主要河流多

阿姆河是中亚流程最长、水量最大的内陆河，咸海的两大水源之一，源于帕米尔高原东南部海拔4900米的高山冰川。

乌拉尔河发源于乌拉尔山脉南部，流经俄罗斯联邦及哈萨克斯坦在阿特劳注入里海，全长2428千米，是世界第四大内流河，传统上认为它是欧洲与亚洲的界河。

发源于青藏高原，落差很大。注入海洋的外流河流域面积约占全国陆地总面积的64%。流入内陆湖泊或消失于沙漠、盐滩之中的内流河，流域面积约占全国陆地总面积的36%。长江、黄河、黑龙江、珠江、辽河、海河、淮河等向东流入太平洋；西藏的雅鲁藏布江向东流出国境再向南注入印度洋；新疆的额尔齐斯河则向北流出国境注入北冰洋。新疆南部的塔里木河，是中国最长的内流河，全长2179千米。

奥卡万戈河，是南部非洲一条内陆河，也是非洲南部第四长河，发源于安哥拉比耶高原，向东南经纳米比亚流入博茨瓦纳，最后消失于奥卡万戈三角洲。

## 河流长度与源头的确定 ＞

河流长度的计算是一件很困难的事,它与起点 (河源)、终点(出海口、湖泊或其他河流) 位置的认定,以及两者之间总长度的量测方法与精度皆有关系。正因为如此,世界大河的排名总是争论不休。

典型的河流是由许多支流汇集而成的,而每条支流本身可能也是许多其他更小支流汇集而成的,如此本流及所有支流的总合称为水系。虽然本流及每条支流都有其源头,但国际惯例系以离终点最远的源头当做整个水系的源头,由此处作为起点量得的河流长度最长,就当做整个水系的河长。

一般而言,水系的源头会在本流的

起点或是其上游处,此时若无特别指定,河流河长与水系河长同义。例如尼罗河本流的起点为白尼罗河、青尼罗河合流处,而整个水系的源头在其上游,若无特别指定,"尼罗河长"即指"尼罗河水系河长",而非指本流 (即名称为尼罗河的那一段) 河长。

若是水系的源头与本流的源头不一样,就很容易产生误解。例如密西西比河水系的最远源头是在其支流密苏里河的上源杰弗逊河上,与密西西比河本流的源头并不一致,因此"密西西比河长"与"密西西比河水系河长"并不相等。若要精确地表达量出整个水系河长的河道,最好写成"密西西比—密苏里河"更为恰当。

若是河流的起点是随季节变化的溪流、沼泽或湖泊，则极难确定正确的源头。

当河流的出口是个逐渐扩大的河口湾时，终点的确定也极为困难，最典型的例子就是南美洲的拉普拉塔河与北美洲的圣劳伦斯河。此外，某些河流并没有明确的终点，例如流入沙漠逐渐蒸发、流入地下水层、分散流入农田间的灌溉渠道等。

起点与终点确定后，传统的方法是在地图上分段量测河长，因此地图的精确度会连带影响量测结果。一般而言，地图的比例尺愈大，愈能忠实反映河流的弯曲情形，量测出来的河长也就愈长。大比例尺地图往往不易取得，即使有了，也还有一堆问题摆在眼前，例如河流可能有多条分支、流经湖泊如何计算、季节性变化等，都会使量测结果产生相当程度的误差。

## 干流与支流 〉

由两条以上大小不等的河流以不同形式汇合，构成一个河道体系。干流是此河道体系中级别最高的河流，它从河口一直向上延伸到河源。

在一个水系中，直接流入海洋或内陆湖泊或消失于荒漠的河流叫做干流，流入干流的河流叫做一级支流，流入一级支流的河流叫做二级支流，其余以此类推。例如，嘉陵江、汉江、岷江等为长江一级支流；唐白河、丹江等流入汉江的河流则为长江的二级支流。

## 牛轭湖 >

在平原地区流淌的河流,河曲发育,随着流水对河面的冲刷与侵蚀,河流愈来愈曲,最后导致河流自然截弯取直,河水由取直部位径直流去,原来弯曲的河道被废弃,形成湖泊,因这种湖泊的形状恰似牛轭,故称之为牛轭湖。

• **牛轭湖形成过程**

1. 河流摆动形成弯曲
2. 河水不断冲刷与侵蚀河岸,河曲随之不断的发展
3. 河曲愈来愈弯
4. 河水冲刷与侵蚀最弯曲的河岸,河流遂截弯取直
5. 河水从截弯取直的部位流走,原有的河曲被废弃
6. 原有被废弃的河曲成了牛轭湖

河流摆动形成弯曲

河水不断冲刷与侵蚀河岸,河曲随之不断发展

河流截弯取直,原有的蛇曲被废弃

旧河道成为牛轭湖

## 冲积扇 〉

冲积扇是河流出山口处的扇形堆积体。当河流流出谷口时，摆脱了侧向约束，其携带物质便铺散沉积下来。冲积扇平面上呈扇形，扇顶伸向谷口；立体上大致呈半埋藏的锥形。以山麓谷口为顶点，向开阔低地展布的河流堆积扇状地貌。它是冲积平原的一部分，规模大小不等，从数百平方米至数百平方千米。广义的冲积扇包括在干旱区或半干旱区河流出山口处的扇形堆积体，即洪积扇；狭义的冲积扇仅指湿润区较长大河流出山口处的扇状堆积体，不包括洪积扇。

冲积扇有几种重要的类似物。例如河流三角洲，不同之处是后者在河流入海或其他水体处的水下形成；再如深水海底扇，形成于洋底，由通过海底峡谷搬运的沉积物堆积而成。研究现代冲积扇，可为辨认古冲积扇，从而为研究地质历史提供线索。冲积扇对人类有实际经济意义，尤其在干旱与半干旱区，它是用于农业灌溉和维持生命的主要地下水水源。有些城市，例如洛杉矶，整个都建在冲积扇上。

## 三角洲 〉

三角洲是河流流入海洋或湖泊时，因流速减低，所携带泥沙大量沉积，逐渐发展成的冲积平原。三角洲又称河口平原，从平面上看，像三角形，顶部指向上游，底边为其外缘，所以叫三角洲，三角洲的面积较大，土层深厚，水网密布，表面平坦，土质肥沃，易有洪涝。

三角洲地区一般地势低平，河网密布，因而多为良好农耕的地区。如中国的珠江、长江等河口的三角洲，皆是农业高产区。黄河三角洲虽然土

西伯利亚莉娜三角洲野生动植物保护区是一块受保护的荒原地区，为许多西伯利亚野生动物提供了避难和繁殖场所，这里也是多种鱼类的重要产卵地。

地肥沃，但由于受到盐碱的影响，农耕条件稍差一些。三角洲与山麓附近的扇状冲积平原不同。扇状冲积平原面积较小，土层较薄，沙砾质地，土质不如三角洲肥沃。三角洲地区不仅是良好的农耕区，而且对形成石油和天然气也相当有利，世界上许多著名的油气田都分布在三角洲地区。

胜利油田地处山东北部渤海之滨的黄河三角洲地带，是我国第二大油田。

尼日尔三角洲沿尼日利亚大西洋海岸绵延3.6万平方千米。那里是非洲最大的红树林沼泽地所在地，维持着高密度生物多样性，还储藏着丰富的石油。

21

## 河流的重要性 〉

　　河流是地球上水分循环的重要路径，对全球的物质、能量的传递与输送起着重要作用。流水还不断地改变着地表形态，形成不同的流水地貌，如冲沟、深切的峡谷、冲积扇、冲积平原及河口三角洲等。在河流密度大的地区，广阔的水面对该地区的气候也具有一定的调节作用。我国的东北平原、华北平原、长江中下游平原以及四川盆地内部的成都平原，都是由河流的冲积作用形成的冲积平原。黄土高原上很多地方受流水侵蚀，使地形具有独特的特征。因此，河流知识对学习地理是非常重要的。

　　河流与人类的关系极为密切，因为河流暴露在地表，河水取用方便，是人类可依赖的最主要的淡水资源，也是可更

新的能源。河流为我国的现代化建设提供了淡水资源和能源。我国河川径流量为2.61万亿立方米，居世界第六位，为农业提供了丰富的灌溉水源，我国的农田灌溉水量及灌溉面积均居世界第一位。河流还具有养殖、航运之利，并为人们提供了生活及工业用水。

成都平原发育在东北－西南向的向斜构造基础上，由发源于川西北高原的岷江、沱江（绵远河、石亭江、湔江）及其支流等8个冲积扇重叠连缀而成复合的冲积扇平原。

华北平原面积达30万平方千米，多在海拔50米以下，是典型的冲积平原，是由黄河、海河、淮河、滦河等所带的大量泥沙沉积所致，多数地方的沉积厚达七八百米，最厚的开封、商水一带达5000米。

三江平原即东北平原东北部，中国最大的沼泽分布区。是黑龙江、乌苏里江和松花江，三条大江浩浩荡荡，汇流、冲积而成了这块低平的沃土。

黄土高原河流众多，沟壑纵横，沟壑面积约占总土地面积的50%。主要河流有黄河及其支流渭河、泾河、洛河、延河、无定河及窟野河等。

23

## 河流的地质作用 >

河流地质作用分为侵蚀作用、搬运作用和沉积作用。

① 侵蚀作用：河流的侵蚀作用包括机械侵蚀和化学侵蚀两种。河流侵蚀一方面向下冲刷切割河床，称为下蚀作用。另一方面，河水以自身动力以及挟带的砂石对河床两侧的谷坡进行破坏的作用称为侧向侵蚀，而河流化学侵蚀只是在可溶岩地区比较明显，没有机械侵蚀那么

普遍。

② 搬运作用：河水在流动过程中，搬运着河流自身侵蚀的和谷坡上崩塌、冲刷下来的物质。其中，大部分是机械碎屑物，少部分为溶解于水中的各种化合物。前者称为机械搬运，后者称为化学搬运。河流机械搬运量与河流的流量、流速有关，还与流域内自然地理——地质条件有关。

③ 沉积作用：当河床的坡度减小，或搬运物质增加，而引起流速变慢时，则使河流的搬运能力降低，河水挟带的碎屑物便逐渐沉积下来，形成层状的冲积物，称为沉积作用。河流沉积作用主要发

生在河流入海、入湖和支流入干流处，或在河流的中下游，以及河曲的凸岸。但大部分都沉积在海洋和湖泊里。河谷沉积只占搬运物质的少部分，而且多是暂时性沉积，很容易被再次侵蚀和搬运。

河水通过侵蚀、搬运和堆积作用形成河床，并使河床的形态不断发生变化。河床形态的变化反过来又影响着河水的流速，从而促使河床发生新的变化，两者相互作用相互影响。

## 〉 "三十年河东，三十年河西"与河流的地质作用

　　"三十年河东，三十年河西"是一句民间谚语，比喻人事盛衰兴替变化无常，有时候会向反面转变，难以预料。这样一个常用的谚语却反映了河流的地质作用。黄河河床较高，泥沙淤积严重，在过去经常泛滥，因此河道不固定，经常改道，每次改道后，原本在河西岸的村落，就变到东岸去了，因此有了"三十年河东，三十年河西"的说法。清朝吴敬梓在《儒林外史》第四十六回中写道："大先生，三十年河东，三十年河西 。就像三十年前，你二位府上何等气势，我是亲眼看见的。而今彭府上，方府上，都一年胜似一年。"

## 影响河流的因素 〉

一条河流的水文特征是多方面因素综合作用的结果，地形、地质条件对河流的流向、流程、水系特征及河床的比降等起制约作用；河流流域内的气候，特别是气温和降水的变化，对河流的流量、水位变化、冰情等影响很大；土质和植被的状况又影响河流的含沙量。我国的河流具有数量多、地区分布不平衡、水文特征地区差异大、水力资源丰富等特点，这些特点的形成与我国领土广阔、地形多样、地

势由青藏高原向东呈阶梯状分布、气候复杂、降水由东南向西北递减等自然环境特点密切相关。

• 地形因素

　　青藏高原是我国地势最高的地区，由这里向东、南、北方向降低，因此河流分属于太平洋、印度洋及北冰洋三大水系，其中太平洋水系的面积最大。

　　我国地势西高东低，分为三个阶梯，在阶梯上及分界线处成为河流发源地带。如发源于青藏高原的有长江、黄河、澜沧江、怒江等；发源于第二阶梯东缘的有黑龙江、辽河、海河、滦河、西江等；发源于第三阶梯的长白山地、山东丘陵、闽浙丘陵等地的有鸭绿江、图们江、钱塘江、闽江等。当河流流经阶梯分界线时，形成落差，水力资源丰富。

• 气候因素

　　我国多数河流，特别是东部季风区的河流，补给水源主要靠雨水。降水地区分布由东南向西北递减的规律，影响到我国的河网密度也具有由东南向西北减少的规律。由于降水有季节分配不均衡、年际变化大的特点，影响到河流年内及年际的径流量变化大。我国的大河多为东西流向，而锋面雨带的推移也具有纬向方向延伸的特点，使河流易形成全流域同时进入汛期的情况。

　　西部干旱地区内流河的补给水源主要靠永久冰雪融水，气温高低直接影响到径流量的大小。北方河流的补给水源中有季节性冰雪融水，河流一般有春汛。河流冰封时间的长短也由气温决定，在由低纬向高纬流向的河段，由于气温的变化，还会出现凌汛。

• 人类活动

　　人工开挖河道，裁弯取直改变原有河道，修建跨流域的调水工程改变径流的分布，以及修筑堤坝等都是人类活动影响河流的典型例子。

### 河流的水系特征 〉

　　河流水系特征主要包括河流的流程、流向、流域面积、支流数量及其形态、河网密度、水系归属、河道(河谷的宽窄、河床深度、河流弯曲系数)等。

　　影响河流水系特征的主要因素是地形,因为地形决定着河流的流向、流域面积、河道状况和河流水系形态。

常见的河流水系形状有：

①树枝状水系：是支流较多，主、支流以及支流与支流间呈锐角相交，排列如树枝状的水系。多见于微斜平原或地壳较稳定，岩性比较均一的缓倾斜岩层分布地区。世界上大多数河流水系形状是树枝状的，如中国的长江、珠江和辽河，北美的密西西比河、南美的亚马逊河等。

②向心状水系：发育在盆地或沉陷区的河流，形成由四周山岭向盆地或构造沉陷区中心汇集的水系，如中国四川盆地的水系。

③放射状水系：河流在穹形山地或火山地区，从高处顺坡流向四周低地，呈辐射(散)状分布，例如亚洲的水系特征。亚洲多高山，因此水系多呈放射状，这是亚洲水系的主要特征。

④平行状水系：河流在平行褶曲或断层地区多呈平行排列，如中国横断山地区的河流和淮河左岸支流。

⑤格子状水系：河流的主流和支流之间呈直线相交，多发育在断层地带。

⑥网状水系：河流在河漫滩和三角洲上常交错排列犹如网状，如三角洲上的河流常形成扇形网状水系。

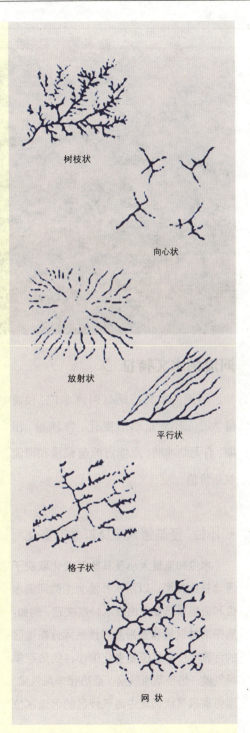

树枝状

向心状

放射状

平行状

格子状

网状

29

## 河流的水文特征 〉

　　河流的水文特征有河流水位、径流量大小、径流量季节变化、含沙量、汛期、有无结冰期、水能资源蕴藏量和河流航运价值。

### • 水位、径流量大小·及其季节变化

　　水位和流量大小及其季节变化取决于河流补给类型。以雨水补给为主的河流水位和流量季节变化由降水特点决定，例如：热带雨林气候和温带海洋性气候分布地区的河流水位和径流量变化很小，但热带季风气候、热带草原气候、亚热带季风气候、温带季风气候和地中海气候区的河流水位

和径流量变化较大；以冰川融水补给和季节性冰雪融水补给为主的河流，水位变化由气温变化特点决定，例如：我国西北地区的河流夏季流量大，冬季断流，我国东北地区的河流在春季由于气温回升导致冬季积雪融化，形成春汛。另外径流量大小还与流域面积大小以及流域内水系情况有关。

### • 汛期及长短

　　外流河汛期出现的时间和长短，直接由流域内降水量的多少、雨季出现的时间和长短决定；冰雪融水补给为主的内流河则主要受气温高低的影响，汛期出现在气

温最高的时候。我国东部季风气候区河流都有夏汛，东北的河流除有夏汛外，还有春汛；西北河流有夏汛。另外有些河流有凌汛现象。流域内雨季开始早结束晚，河流汛期长；雨季开始晚，结束早，河流汛期短。我国南方地区河流的汛期长，北方地区比较短。

### • 含沙量大小

由植被覆盖情况、土质状况、地形、降水特征和人类活动决定。植被覆盖差，土质疏松，地势起伏大，降水强度大的区域河流含沙量大；反之，含沙量小。人类活动主要是通过影响地表植被覆盖情况而影响河流含沙量大小。总之，我国南方地区河流含沙量较小；黄土高原地区河流含沙量较大；东北（除辽河流域外）河流含沙量都较小。

### • 有无结冰期

由流域内气温高低决定，月均温在0℃以下河流有结冰期，0℃以上无结冰期。我国秦岭—淮河以北的河流有结冰期；秦岭—淮河以南河流没有结冰期。有结冰期的河流才可能有凌汛出现。

### • 水能蕴藏量

由流域内的河流落差（地形）和水量（气候和流域面积）决定。地形起伏越大落差越大，水能越丰富；降水越多、流域面积越大河流水量越大，水能越丰富，因此，河流中上游一般以开发河流水能为主。

### • 河流航运价值

由地形和水量决定，地形平坦，水量丰富，河流航运价值大，因此，河流中下游一般以开发河流航运价值为主。

## 河流与文化 〉

河流不仅是自然现象，而且作为人类文明史的一部分，作为人类精神生活的根源和对象，还积极地启示、影响和塑造着人类的精神生活、文化历史和文明发展。

在红海、地中海和撒哈拉沙漠所夹持的北非平原，尼罗河创造了以泛滥农业为依托的包括天文学、几何学、象形文字和建筑艺术在内的古代埃及文明；在《圣经》故事所发生的两河流域，幼发拉底河和底格里斯河把西亚苦旱之地变成宜农宜牧的生命家园，并产生了世界上最早的成文法典——汉谟拉比法典，创造了古代人类第二个文明中心——巴比伦文明；先后被印度河、恒河所滋润的古印度是世界文明的发祥地之一，为世界

总长度2900~3200千米。印度河文明为世界上最早进入农业文明和定居社会主要文明之一。

史贡献了史诗、因明学、计数法和令人叹为观止的城市文化；黄河是中华民族的摇篮，中国古代"四大发明"以及宋代以前中央政权的更替，都出现在黄河流域。黄河更铸就了璀璨的华夏文明和儒道互补、外圆内方、刚柔相济的民族性格。

中国的历史，是从江河开始的。翻开版图，长江、黄河、淮河、珠江、松花江、海河、辽河等七大水系以及西南诸河，各自滋养了一方文明，经过数千年的融合，最终形成了中华文明。今天的政治制度、社会结构、哲学艺术，乃至衣冠文物无不发源于此。发达的江河水系，意味着水患频繁，治水引起的大规模群体动员和社会控制体系塑造着中央集权的东方政治模式，治水的成败也决定着封建王朝的兴衰更迭。水也是中华文化的灵感之源，从哲学到诗文，从书画到音律，从来没有

抚育了古埃及文明的母亲河——尼罗河沿岸风光。

一个民族的文化如此高度集中于山水，从中寻找治世的道理、人生的原则和审美的标准。在古代中国人的一生中，长江三峡、黄河壶口、西湖断桥、钱塘怒湖、漓江春晓、南海秋月，构成了其关于文明的认知和记忆。

33

## 河流与城市 〉

世界上每一个文明的发源地，都是傍依江河湖泊，并依靠必要的可供水源而发展起来的。古代早期的城市，也都选择在有河流、有水的地方。河流以其丰富的乳汁孕育了人类早期的伟大文明，并在河流两岸崛起大批的繁华城市群。凡是河网水系发达的地区，都是城市文明发育最为完善的地区。世界上主要的大城市基本上都是傍水而建，如欧洲由多瑙河孕育的两岸城市群。一般，河流中下游地区大多是城市集中、经济相对发达的

地区。在中国七大江河的下游地区，人口密集，城市集中，经济发达，集中了全国1/2的人口、1/3的耕地和70%的工农业产值；而由河流入海口泥沙沉积形成的三角洲，更是经济中心所在——如地处上海经济区核心的长江三角洲，中国南方深圳、广州、珠海经济区的珠江三角洲。据预测，在本世纪初，全国各类规模的城市总数将逾1000座，这些城市大部分分布在长江、黄河等七大水系和沿海地带，它们的诞生和发展都和河流水系息息相关。

在城市形成和发展中，河流作为最

关键的资源和环境载体，关系到城市生存，制约着城市发展，是影响城市风格和美化城市环境的重要因素。在远古时代，城市河流为城市提供了稳定的水源和肥沃的土壤，发展到后来，

城市河流除提供水源以外，随着水上交通工具的发展，成为城市物资运输的重要通道；在近代工业化阶段，城市河流对城市的作用更加重要，成为水源地、动力源、交通通道、污染净化场所；在现代，城市河流在城市生态建设、拓展城市发展空间方面显示出不可替代的意义。

　　良好的河流景观与滨水环境是现代化城市的重要内容。而营造城市景观环境离不开大自然中与城市关系最密切的河流和水面。当代国际大都市环境建设的价值观念趋向表明，都市人与大自然的关系已由疏离、隔绝变为亲近和融合。开阔的水面和流动的水体所形成的自然风貌，无疑能给城市增添许多魅力。

　　城市河流作为城市系统中的一种自然地理要素，对城市生态建设意义多种多样，其中包括为城市生活和生产提供就近水源，可以减弱城市热岛效应和洪涝灾害，为城市绿地的建设提供基地，丰富城市景观多样性和城市物种多样性，为市民创造文体娱乐、亲近自然的空间等等。目前城市河流作为城市生态系统的要素，已经和正在被城市建设者关注，其生态功能的应用，也逐渐被引入到生态城市的建设中。

 ## 河流的文化内涵

　　河流不仅是自然现象，而且它作为人类文明史的一部分，作为人类精神生活的根源和对象，还积极地启示、影响和塑造着人类的精神生活、文化历史和文明发展。河流通过审美进入人类精神生活，从而获得文化生命。彩陶上的水波饰纹是古人对于自然的抽象再现。再现的自然已不是自然，而是思维的创造，表现了独立的精神世界。水波饰纹的出现，表明河流的文化生命已经形成。生产力发展水平越高，河流的文化生命意义也就越大，内涵也就越丰富。在中国文化史上，河流的文化生命在语言文字、哲学、人生等方面都得到了丰富的表现。以文字为例，据统计，在《说文解字》中，水部文字 469 个，占全部 9353 个汉字的 5.01%；如加上川部、泉部、永部等，则有 522 个，占 5.58%。

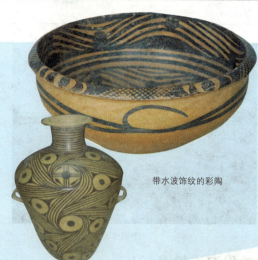

带水波饰纹的彩陶

带水部的文字

尼罗河

## 世界河流排名 ⟩

就长度而言，非洲的尼罗河是世界上最长的河，全长6670千米，第二长河是南美洲的亚马逊河，长6440千米，长江位居第三，长6397千米。第四名至第十名依次是：密西西比河（6020千米），黄河（5464千米），额尔齐斯—鄂毕河（5410千米），澜沧江—湄公河（4880千米），刚果河（4640千米），黑龙江（4440千米），勒拿河（4300千米）。其中6条在亚洲，我国有两条整河流，还有另外3条河流的一部分。

并不能简单地以河流长度来推断其流域面积，这样会犯经验主义的错误。事实上，南美洲的亚马逊河，流域面积达到705万平方千米，是世界上流域面积最大的河流；刚果河排名第二，

370万平方千米；密西西比河排名第三，322万平方千米。第四名至第十名依次是：南美洲的巴拉那—拉普拉塔河（310万平方千米），额尔齐斯—鄂毕河（299万平方千米），尼罗河（290万平方千米），叶尼塞河（258万平方千米），勒拿河（249万平方千米），尼日尔河（210万平方千米），北美洲的芬蕾—匹斯—马更些河（184万平方千米）。长江以180万平方千米排名第11位，黄河以79.5万平方千米排名第25位，落后于多瑙河（81.7万平方千米）和澜沧江—湄公河（81万平方千米）。

河流是世界水循环的一环，是人类淡水资源的主要来源，因此水量是河流的本质，长度、面积只不过是它的外表。按水量来计算，亚马逊河是世界上的冠军，它一年流入大西洋的水量有693000

亚马逊河

亿立方米，几乎是其他9条最大河流年水量之和，排名第二的是刚果河（13026亿立方米），第三是南美洲的奥里诺科河（11984亿立方米），第四名至第十名分别是长江（9600亿立方米），巴拉那—拉普拉塔河（8000亿立方米），叶尼塞河（6255亿立方米），雅鲁藏布江（6180亿立方米），密西西比河（5800亿立方米），托坎廷斯河（5676亿立方米），恒河（5500亿立方米）。

流经国家最多的河流是流经10个国家的多瑙河，其次是流经9个国家的尼罗河，亚马逊河和刚果河各流经7个国家，澜沧江—湄公河流经6国，非洲的尼日尔河和赞比亚河以及南美洲的巴拉那—拉普拉塔河分别流经5国；底格里斯河—幼发拉底河—阿拉伯河、第聂伯河、塞内加尔河分别流经4个国家；流经3个国家的河流有额尔齐斯—鄂毕河、黑龙江、怒江—萨尔温河、印度河、雅鲁藏布江—布拉马普特拉河、阿姆河、奥兰治河等。

长江

39

### 河流的哲学

　　古希腊著名哲学家赫拉克利特坚信"人不能两次踏进同一条河流"，这句名言的意思是说，河里的水是不断流动的，你这次踏进河，水流走了，你下次踏进河时，又流来的是新水。河水川流不息，所以你不能踏进同一条河流。赫拉克利特以河流作喻，主张"万物皆动"、"万物皆流"。

　　《论语》中也记载了孔子面对河流的感慨——"子在川上曰：'逝者如斯夫！不舍昼夜。'"孔子看到奔流的河水，不由得感叹时间匆匆光阴易逝。

# ● 流经国家最多的河——多瑙河

多瑙河是欧洲第二大河，仅次于俄罗斯的伏尔加河，也是欧洲最重要的一条国际河道，仿佛是一条蓝色的缎带蜿蜒在欧洲大地上。多瑙河全长2857千米，流域面积81.7万平方千米，平均流量为6500立方米/秒。多瑙河发源于德国黑森林地区，其干流流经德国、奥地利、斯洛伐克、匈牙利、克罗地亚、塞尔维亚、罗马尼亚、保加利亚、摩尔多瓦和乌克兰等10个中欧及东欧国家，是世界上流经国家最多的河流，最后从多瑙河三角洲注入黑海。多瑙河流域范围还包括波兰、瑞士、意大利、捷克、斯洛文尼亚、波斯尼亚和黑塞哥维那(波黑)、黑山、马其顿共和国、阿尔巴尼亚等9个国家，有大小300多条支流。多瑙河两岸有许多美丽的城市，她们像一颗颗璀璨的明珠，镶嵌在这条蓝色的飘带上。蓝色的多瑙河缓

缓穿过市区，古老的教堂、别墅与青山秀水相映，风光绮丽，十分优美。

"多瑙河"这个名字，来源于一个古老的传说。相传在很久以前，基辅公国有个名叫多瑙·伊万的英雄，他娶了女英雄娜塔莎为妻子。在他们的结婚筵席上，多瑙·伊万夸耀自己说："在基辅再也没有比我更勇敢、更有本领的人了。"当时，新娘对他这种傲慢没有加以反驳，于是多瑙·伊万乘着酒兴，为了显示一下他那高超的射技，便邀请他的妻子到野外去比赛。结果，娜塔莎获得了胜利。被激怒的多瑙·伊万一箭射死了自己心爱的妻子。然而当他清醒过来，就痛不欲生地伏倒在妻子冰冷的尸体旁自杀了。他的血缓缓流淌，就变成了今日的多瑙河。

43

# 蓝色多瑙河

约翰·施特劳斯曲

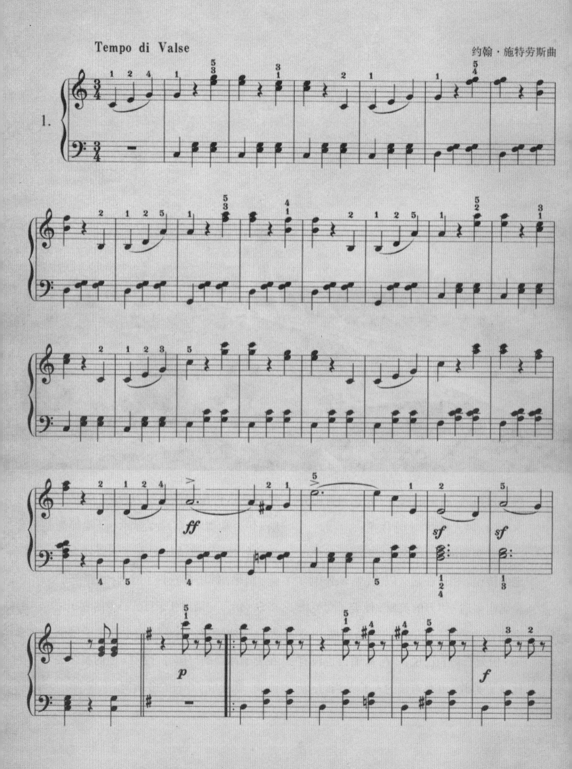

　　《蓝色多瑙河》圆舞曲，是奥地利著名作曲家、被誉为"圆舞曲之王"的小约翰·施特劳斯创作于1866年的作品，被称为"奥地利的第二国歌"。《蓝色多瑙河》原为一首由乐队伴奏的男声合唱，后去掉人声，成为一首独立的管弦乐曲，由小序曲、五段小圆舞曲及一个较长大的尾声（部分再现前面主要的音乐主题）连续演奏而成。乐曲以典型的三拍子圆舞曲节奏贯穿，音乐主题优美动听，节奏明快而富于弹性，体现出华丽、高雅的格调。

　　这首乐曲的全称是"美丽的蓝色的多瑙河旁圆舞曲"，曲名取自诗人卡尔·贝克一首诗的诗句："你多愁善感，你年轻，美丽，温顺好心肠，犹如矿中的金子闪闪发光，真情就在那儿苏醒，在多瑙河旁，美丽的蓝色的多瑙河旁。香甜的鲜花吐芳，抚慰我心中的阴影和创伤，不毛的灌木丛中花儿依然开放，夜莺歌喉转，在多瑙河旁，美丽的蓝色的多瑙河旁。"

## 多瑙河真的是蓝色的吗？

提起多瑙河，我们的耳边就会回响起《蓝色的多瑙河》那动人的旋律。但事实上，多瑙河并不是纯粹的蓝色，法国著名的科幻小说家儒勒·凡尔纳曾写过一部名叫《美丽的黄色多瑙河》的作品，他在和出版商赫泽尔父子的一次谈话中谈到："我也愿意将多瑙河描绘成是蓝色的，可是河水卷带了两岸冲积平原的泥土，因此它不可能是蓝色的。" 有人专门对此做过统计，多瑙河的河水在一年中要变换8种颜色——6天是棕色的，55天是浊黄色的，38天是浊绿色的，49天是鲜绿色的，47天是草绿色的，24天是铁青色的，109天是宝石绿色的，37天是深绿色的。这种神奇的现象引起了地理学家的关注，他们对多瑙河的河水进行了长期的科学考察，认为这种变色的原因很有可能是河流本身的曲折多变造成的。

年累月的侵蚀切割，连接成了单一的水系。因此，整条多瑙河的水量分布极不均匀，有的河段干涸无水，有的河段深度超过50米。有时河流还会通过深深的地表裂缝流入地下，然后又从下游的另一个地方流出。这样，河水中混杂着大量的地下物质并发生复杂的化学变化。水深的差异、地下伏流的存在以及酸碱度的不均，在一定的大气和光线折射条件下就引起了河水颜色的多变。

从多瑙河发源地到黑海入海口，直线距离不过1700千米，而它全程却多走了1100多千米。这种独特的弯曲是因为在多瑙河形成之初，欧洲大陆上布满了星罗棋布的盆地，盆地里的河流经过长

### 多瑙河的"分段"

多瑙河可分为三部分——上游自河源至奥地利阿尔卑斯山脉和西喀尔巴阡山脉之间、称为"匈牙利门"的峡谷，中游自"匈牙利门"至南罗马尼亚喀尔巴阡山脉的铁门峡，下游自铁门峡至黑海的三角形河口湾。

#### • 上游

从河源到"匈牙利门"（西喀尔巴阡山脉和奥地利阿尔卑斯山脉之间的峡谷）为上游，长约966千米。它的源头有布列盖河与布里加哈河两条小河，从茂密森林中跌宕而出，沿巴伐利亚高原北部，经阿尔卑斯山脉和捷克高原之间的丘陵地带流入维也纳盆地。上游流经崎岖的山区，河道狭窄，河谷幽深，两岸多峭壁，水中多急流险滩，是一段典型的山地河流。上游的支流有因河、累赫河、伊扎尔河等，河水主要依靠山地冰川和积雪补给，冬季水位最低，暮春盛夏冰融雪化，水量迅速增加，一般6~7月份达到最高峰。上游水位涨落幅度较大，例如，乌尔姆附近的平均枯水期流量仅有40立方米/秒，而洪水期流量平均竟达480立方米/秒以上。

#### • 中游

从"匈牙利门"到铁门峡谷为中游，长约914千米。它流经多瑙河中游平原，河谷较宽，河道曲折，有许多河汊和牛轭湖点缀其间，接纳了德拉瓦河、蒂萨河、

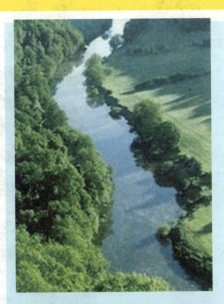

萨瓦河和摩拉瓦河等支流，水量猛增 1.5 倍。中游地区河段最大流量出现在春末夏初，而夏末秋初水位下降。随后，多瑙河切穿喀尔巴阡山脉形成壮丽险峻的卡特拉克塔峡谷。

卡特拉克塔峡谷从西端的腊姆到东端的克拉多伏，包括卡桑峡、铁门峡等一系列峡谷，全长 144 千米，首尾水位差近 30 米。峡谷内多瑙河最窄处约 100 米，仅及入峡前河宽的 1/6，而深度则由平均 4 米增至 50 米。陡崖壁立，水争一门，河水滚滚，奔腾咆哮，成为多瑙河著名天险，并蕴藏着巨大的水力资源。

在多瑙河中游斯洛伐克境内这一段，由于地势低洼而形成内陆三角洲，河道宽而浅，有些地段涉水可过，一年只能通航 5 个月。而在汛期，河水又会左奔右突，给两岸居民的生命财产造成严重威胁。

多瑙河中游平原，是匈牙利和塞尔维亚两国重要的农业区，素有"谷仓"之称。多瑙河中游流经地区，都是各国的经济中心，其重要城市有布拉迪斯拉发、布达佩斯和贝尔格莱德等。

- 下游

铁门以下至入海口为下游。这里流经多瑙河下游平原，河谷宽阔，水流平稳，接近河口时宽度扩展到 15~20 千米，有的地段可达 28 千米之多。右边，高陡的河岸之上伸展着保加利亚的多瑙平原台地。左岸为低矮的罗马尼亚平原，在平原与多瑙河干流之间隔着一条布满湖泊和沼泽的狭长地带。在这一段，支流较小，对多瑙河的总流量增加微弱。支流有奥尔特河、锡雷特河和普鲁特河。此处河道又有许多岛屿形成障碍。就在切尔纳沃德南边，多瑙河向北流至加拉茨，又突然折向东流。多瑙河流到图尔恰城附近分成基利亚河、苏利纳河、格奥尔基也夫三条支流，冲积成面积约 6000 平方千米的扇形三角洲。这就是著名的多瑙河三角洲。

### 多瑙河三角洲 >

多瑙河自土耳恰向东分成基利亚、苏利纳和格奥尔基也夫3条岔流注入黑海，冲积成巨大的扇形三角洲。湿地、河汊、湖沼纵横交错，水陆面积约各占一半，海拔很少超过4米。大部地区芦苇茂密，是世界最大的芦苇区之一。这里还是"鸟类的天堂"，多瑙河三角洲欧、亚、非三大洲来自5条道路候鸟的会合地，也是欧洲飞禽和水鸟最多的地方。这里经常聚集着300多种鸟类，各路鸟群在此聚会，形成热闹非凡而又繁华壮丽的景象。因资源丰富多瑙河三角洲被誉为"欧洲最大的地质、生物实验室"。

三角洲两岸长满了高大的橡树、白杨、柳树和各种灌木。"浮岛"是三角洲最为著名的自然景观之一，是三角洲腹地的一大奇景，它就像一个巨大而美丽的花园，漂浮在海面之上，占地10万公顷左右，厚约1米。"浮岛"上面长着茂盛的植物，与陆地无异，但下面是一片湖泊，湖面碧波荡漾，湖水清澈无比。浮岛在风浪中飘游，不停地改变着三角洲的自然面貌。春天，当多瑙河泛滥时，浮岛就成了各类飞禽走兽的避难所。

# 河流的一生

## 多瑙河的支流 〉

　　多瑙河河网密布，支流众多，有大小
支流300多条，其中长度在20千米以上的
有192条，有34条支流可以通航。上游右
岸主要支流有伊勒河、莱希河、伊扎尔
河、因河、特劳思河、恩斯河等；左岸主
要支流：纳布河、雷根河；中游主要支流
右岸有德拉瓦河、萨瓦河、大摩拉瓦河，
左岸有摩拉瓦河、瓦赫河、赫龙河、蒂萨
河等。下游主要支流有左岸的奥尔特河、
锡雷特河、普鲁特河等。

52

## 多瑙河流域的气候 ⟩

　　多瑙河流域属温带气候区,具有由温带海洋性气候向温带大陆性气候过渡的性质。特别是流域西部和东南部温、湿度适宜,雨量充沛。河口地区则具有草原性气候特性,受大陆性气候影响,整个冬季较寒冷。以布加勒斯特为例,夏季有3个月气温在20℃以下,最高气温可达34℃,冬季有3个月气温低于0℃,最低气温-3.5℃。

　　就全流域来说,大部分降水出现在夏季和秋初(6~9月),高山地区冬季降雪。降雪量占全年降水量的10%~30%。

流域内降雨分布不均匀。奥地利阿尔卑斯山区降雨量最大,年平均降雨量超过2510mm,最大年降雨量超过3000mm;降雨量最少的地区是大匈牙利低平原和斯洛伐克摩拉瓦流域地势较低的部分以及下游地区,特别是锡雷特河以东地区和河口地区,其年平均降雨量不到600~400mm,特别干旱年份降雨量还不到平均降雨量的一半。总的来说,上游地区年降雨量多,约为1000~1500mm,中下游平原地区降雨量少,约为700~1000mm,流域平均863mm。

# 河流的一生

HELIUDEYISHENG

## 多瑙河水文介绍 〉

　　多瑙河洪水由夏秋季暴雨或长期连续降雨、春季高山积雪融化和冬季冰凌所形成,有以下两个特点:一是全流域发生特大洪水极其罕见,大多数洪水只限于发生在局部河段,二是全年各个季节都有可能发生洪水,只是分别出现在不同的河段。

　　春季融雪洪水,一是来自源于阿尔卑斯山的上游右岸支流;二是来自源于喀尔巴阡山的下游左岸支流。此外,中游下段三条支流(德拉瓦河、萨瓦河、大摩拉瓦河)由于上游山区的融雪洪水,也会在贝尔格莱德附近河段产生春汛。在奥地利河段、斯洛伐克与匈牙利边界河段、中游的下段经常出现因降雨而产生夏季洪水和秋季洪水。这些河段的洪水一般来自两岸的支流,上游河段的来水也会施以不同程度的影响。布达佩斯以下的许多河段都出现过冰凌

54

洪水，因冰坝壅高的水位有时会超过伏汛水位2.5~3.0m。

由于雨雪洪水的相互补充以及上、中、下游河段洪水的错峰，多瑙河的水位和流量过程线比较均匀，但在时空上分配仍不均匀。一般来说，多瑙河水位在11月至次年2月最低，7~8月也较低，低水位时，影响通航。冬季河口附近河段结冰，结冰期约40天，融冰时间需延续两个星期左右。

HELIUDEYISHENG

## 多瑙河沿岸的城市 ＞

### ● 多瑙河的女神——维也纳

世界名城——奥地利首都维也纳位于奥地利东北部阿尔卑斯山北麓维也纳盆地之中，三面环山，多瑙河穿城而过，四周环绕着著名的维也纳森林。

公元1世纪，罗马人曾在此建立城堡。1137年为奥地利公国首邑。13世纪末，随着哈布斯堡皇族兴起，发展迅速，宏伟的哥特式建筑如雨后春笋拔地而起。15世纪以后，成为神圣罗马帝国的首都和欧洲的经济中心。18世纪，玛丽亚·铁列西娅母子当政期间热衷于改革，打击教会势力，推动社会进步，同时带来艺术的繁荣，使维也纳逐渐成为欧洲古典音乐的中心，获得了"音乐城"的美名。

维也纳有"多瑙河的女神"之称。环境优美，景色诱人。登上城西的阿尔卑斯山麓，波浪起伏的"维也纳森林"尽收眼底；城东面对多瑙河盆地，可远眺喀尔巴阡山闪耀的绿色峰尖。北面宽阔的草地宛如一块特大的绿色绒毯，碧波粼粼的多瑙河蜿蜒穿流其间。房屋顺山势而建，重楼连宇，层次分明。登高远望，各种风格的教堂建筑给这青山碧水的城市蒙上一层古老庄重的色彩。市内街道呈辐射环状，宽50米，两旁林荫蔽日的环形大道以内为内城。内城卵石街道，纵横交错，很少高层房屋，多为巴罗克式、哥特式和罗马式建筑。中世纪的圣斯特凡大教堂和双塔教堂的尖顶耸入云端，其南塔高138米，可俯瞰全市。环形大道两旁为博物馆、市政厅、国会、大学和国家歌剧院等重

要建筑。环形大道与另一相平行的环行路之间为中间层，这一带为商业区、住宅区、也有宫殿、教堂等夹建其间。第二环形路外为外层，市西有幽雅的公园，美丽的别墅以及其他宫殿建筑。在这众多的宫殿中，以位于城西南部的舍恩布龙宫引人注目，这是奥地利历史上繁荣时期的一个遗迹。城区东南部的"美景宫"为18世纪初卡尔皇帝为抵抗土耳其入侵立下战功的欧根亲王所造。

维也纳的名字始终是和音乐连在一起的。许多音乐大师，如海顿、莫扎特、贝多芬、舒伯特、约翰·斯特劳斯父子、格留克和勃拉姆斯都曾在此度过多年音乐生涯。海顿的《皇帝四重奏》，莫扎特的《费加罗的婚礼》，贝多芬的《命运交响曲》、《田园交响曲》、《月光奏鸣曲》、《英雄交响曲》，舒伯特的《天鹅之歌》、《冬之旅》，约翰·施特劳斯的《蓝色多瑙河》、《维也纳森林的故事》等著名乐曲均诞生于此。许多公园和广场上矗立着他们的雕像，不少街道、礼堂、会议大厅都以这些音乐家的名字命名。音乐家的故居和墓地常年为人们参观和凭吊。如今，维也纳拥有世界上最豪华的国家歌剧院、闻名遐迩的音乐大厅和第一流水平的交响乐团。每年1月1日在维也纳音乐之友协会金色大厅举行新年音乐会。

## • 多瑙河上的明珠——布达佩斯

　　布达佩斯原是隔多瑙河相望的一对姐妹城市——布达和佩斯，1873 年这两座城市正式合并。蓝色的多瑙河从西北蜿蜒流向东南，款款穿越市中心；8 座别具特色的铁桥飞架其上，一条地铁隧道横卧其底，将这对姐妹城市紧紧地连为一体。

　　这座美丽的城市被誉为"多瑙河上的明珠"，其自然景观所蕴涵的诗情画意，向人们充分展现了一幅幅深藏历史内涵的精美画卷。渔人堡、布达皇宫、国会大厦、圣·伊斯特凡大教堂……一个个响亮名字的建筑，构成了布达佩斯沿多瑙河两岸的宏伟建筑群，这些带有伊斯兰风格、哥特式风格、巴洛克风格的建筑整体，被联合国教科文组织于 1987 年收入世界文化遗产名录中，它显示了布达佩斯城在历史上凝结了东西方精华的各个时期建筑风貌。

　　布达在多瑙河西岸，公元 1 世纪建市，1361 年成为都城，匈牙利历代皇朝均在此建都。它依山而建，群山环绕，丘陵起伏，林木苍翠，这里有富丽堂皇的旧王宫，建筑精致的渔人堡，以及大教堂等著名建筑群。布达的山坡上别墅星罗棋布，科研机关、医院和休养所群集。

佩斯始建于公元3世纪初叶，坐落在多瑙河东岸，地势平坦，是行政机关、工商企业和文化机构集中地。这里有各式各样的古今高大建筑群，如哥特式议会大厦、国家博物馆等。远近驰名的英雄广场上高高耸立着多组匈牙利历代伟人的群雕，既有历代皇帝的人像石雕，也有为国为民作出过巨大贡献的英雄人物的雕像。群雕是为纪念匈牙利建国1000周年而修建的，造型精美，栩栩如生。在"3·15"广场上有爱国诗人裴多菲的雕像，每年布达佩斯的青年们在这里举行各种纪念活动。

59

# ● 世界第一长河——尼罗河

尼罗河纵贯非洲大陆东北部,流经布隆迪、卢旺达、坦桑尼亚、乌干达、埃塞俄比亚、苏丹、埃及,跨越世界上面积最大的撒哈拉沙漠,最后注入地中海。流域面积290万平方千米,占非洲大陆面积的九分之一,全长6670千米,为世界最长的河流。尼罗河与中非地区的刚果河以及西非地区的尼日尔河并列非洲最大的三个河流系统。尼罗河有两条主要的支流,白尼罗河和青尼罗河。发源于埃塞俄比亚高原的青尼罗河是尼罗河下游大多数水和营养的来源,但是白尼罗河则是两条支流中最长的。

尼罗河流域分为7个大区:东非湖区高原、山岳河流区、白尼罗河区、青尼罗河区、阿特巴拉河区、喀土穆以北尼罗河区和尼罗河三角洲。该河北流,经过坦桑尼亚、卢旺达和乌干达,从西边注入非洲第一大湖维多利亚湖。尼罗河干流就源起该湖,称维多利亚尼罗河。河流穿过基奥加湖和艾伯特湖,流出后称艾伯特尼罗河,该河与索巴特河汇合后,称白尼罗河。另一条源出埃塞俄比亚中央高地的青尼罗河与白尼罗河在苏丹的喀士穆汇合,然后在达迈尔以北接纳最后一条主要支流阿特巴拉河,称尼罗河。尼罗河由此向西北绕了一个S形,经过三个瀑布后注入纳塞尔水库。河水出水库经埃及首都进入尼罗河三角洲后,分成若干支流,最后注入地中海东端。

尼罗河是北非的主要河流，向北流动，全长6670千米，是世界上最长的河流。照片的底部，蓝色尼罗河和白色尼罗河交汇，形成尼罗河。

### 尼罗河的水系 〉

尼罗河是一条非常古老的河流，约在6500万年前的始新世就已存在，河道曾发生多次变迁，但它总是向北流。在更新世，朱巴和喀土穆之间曾是一个大湖，湖水由当时已经存在的青、白尼罗河补给。后来，湖水高出盆地边缘，通过喀土穆以北的峡谷，向北沿着古尼罗河流入地中海，于是便出现了现在的尼罗河水系。

### ● 中游段

从尼穆莱至喀土穆为尼罗河中游,长1930千米,称为白尼罗河,其中马拉卡勒以上又称杰贝勒河,最大的支流青尼罗河在喀土穆下游汇入。从尼穆莱至喀土穆全程落差大约80米。

### ● 下游段

白尼罗河和青尼罗河汇合后称为尼罗河,属下游河段,长约3000千米。尼罗河穿过撒哈拉沙漠,在开罗以北进入河口三角洲,在三角洲上分成东、西两支注入地中海。从开罗下游20千米处开始,尼罗河进入三角洲地带,面积约2.2~2.4万平方千米。

### ● 上游段

苏丹的尼穆莱以上为上游河段,1730千米,自上而下分别称为卡盖拉河、维多利亚尼罗河和艾伯特尼罗河。

尼罗河源自布隆迪的鲁武武河,与尼亚瓦龙古河汇流后称卡盖拉河,流经卢旺达和坦桑尼亚与乌干达的边界地区,注入维多利亚湖。自维多利亚湖北端流出后称维多利亚尼罗河,入尼罗河流域水系和乌干达境内,不久流入基奥加湖。又向西经一段流程注入艾伯特湖(蒙博托湖),落差400米。出艾伯特湖后向北流称艾伯特尼罗河,接纳由右岸汇入的阿帕盖尔河,过尼穆莱峡谷后即进入苏丹平原。

63

## 河流的一生

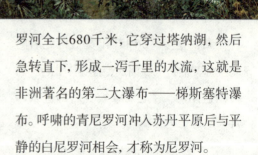

### 尼罗河的支流 〉

尼罗河的支流中,最为人所知的就是白尼罗河和青尼罗河,一条婉约,一条奔放,各具特色。

白尼罗河顺东非高原侧坡北流,河谷深狭,多急滩瀑布。自博尔向北,白尼罗河流入平浅的沼泽盆地,水流缓慢,河中繁生大量以纸草为主的水生植物。白尼罗河向北流出盆地后,先后汇合索巴特河、青尼罗河和阿特巴拉河,以下再无支流。青尼罗河源头在海拔2000米的埃塞俄比亚高地(热带草原),青尼罗河全长680千米,它穿过塔纳湖,然后急转直下,形成一泻千里的水流,这就是非洲著名的第二大瀑布——梯斯塞特瀑布。呼啸的青尼罗河冲入苏丹平原后与平静的白尼罗河相会,才称为尼罗河。

## 尼罗河三角洲 〉

尼罗河三角洲位于埃及北部,临地中海,由尼罗河携带的泥沙在入海口冲积而成,面积约2.2~2.4万平方千米。三角洲地势低平,土壤肥沃,河网纵横,渠道密布,集中了埃及全国三分之二的耕地。气候炎热干燥,光照强,水源充足,灌溉农业发达,是世界古文化发祥地之一,也是世界长绒棉的主要产地。

尼罗河三角洲的黑土地孕育了埃及7000年的灿烂文明。公元前5000年,日渐干旱的气候灼烧着埃及地区丰茂的草原,慢慢地,沙漠取代了草场,游牧部落不得不聚集到尼罗河沿岸。他们在此定居下来,耕种、捕渔。 在法老建造金字塔之前,埃及人最引以为荣的是丰饶的尼罗河三角洲。地处亚、非、欧边界,尼罗河三角洲自古以来就是兵家必争之地。

### 尼罗河的水文特点 〉

尼罗河有定期泛滥的特点，在苏丹北部通常5月即开始涨水，8月达到最高水位，以后水位逐渐下降，1~5月为低水位。虽然洪水是有规律发生的，但是水量及涨潮的时间变化很大。产生这种现象的原因是青尼罗河和阿特巴拉河，这两条河的水源来自埃塞俄比亚高原上的季节性暴雨。尼罗河的河水80%以上是由埃塞俄比亚高原提供的，其余的水来自东非高原湖。洪水到来时，会淹没两岸农田，洪水退后，又会留下一层厚厚的河泥，形成肥沃的土壤。四五千年前，埃及人就知道了如何掌握洪水的规律和利用两岸肥沃的土地。很久以来，尼罗河河谷一直是棉田连绵、稻花飘香。在撒哈拉沙漠和阿拉伯沙漠的左右夹持中，蜿蜒的尼罗河犹如一条绿色的走廊，充满着无限的生机。

白尼罗河发源于赤道多雨区，水量丰富而又稳定。但在流出高原，进入盆地后，由于地势极其平坦，水流异常缓慢，水中繁生的植物也延滞了水流前进，在低纬干燥地区的阳光照射下蒸发强烈，从而损耗了巨额水量，能流到下游的水很少。白尼罗河在与青尼罗河汇合处的年平均流量为每秒890立方米，大约是青尼罗河的一半。尼罗河下游水量主要来自源于埃塞俄比亚高原的索巴特河、青尼罗河和阿特巴拉河，其中以青尼罗河最为重要。索巴特河是白尼罗河支流，它于5月开始涨水，最高水位出现在11月，此时索巴特河水位高于白尼罗河，顶托后者而使其倒灌，从而加强了白尼罗河上游水量的蒸发。青尼罗河发源于埃塞俄比亚高

杜姆亚特入海口

开罗灯塔

卢克苏尔神庙

阿斯旺水坝

尼

罗

喀土穆交汇

埃塞俄比亚高原

河

苏丹平原

维多利亚湖水

原上的塔纳湖,上游处于热带山地多雨区,水源丰富。由于降水有强烈鲜明的季节性,河水流量的年内变化很大。春季水量有限,6月开始涨水,接着即迅猛持续上涨,至9月初达到高峰。在此期间,它也会使白尼罗河形成倒灌。11月至12月水位下落,以后即是枯水期。枯水期的最小流量不及每秒100立方米,约为洪水期最大流量的六十分之一。阿特巴拉河也发源于埃塞俄比亚高原,由于位置偏北,雨量更为集中,加上其流域面积小,所以流量变化更大。冬季断流,河床成为一连串小湖泊。

尼罗河有很长的河段流经沙漠,河水水量在那里只有损失而无补给。由于河流的上源为热带多雨区域,那里有巨大的流量,虽然在沙漠沿途因蒸发、渗漏而失去大量径流,尼罗河仍然能维持一条长年流水的河道。像尼罗河这种不是由当地的径流汇聚而成,只是单纯流过的河,称为客河。当地的气候条件对这些"客河"的形成没有积极的作用,只有消极的影响。

尼罗河干流的洪水于6月到喀土穆,

9月达到最高水位。开罗于10月出现最大洪峰。尼罗河的全部水量中，60%来自青尼罗河，32%由白尼罗河供给，剩下8%来自阿特巴拉河。但洪水期和枯水期有很大变化。在洪水期，尼罗河水量中青尼罗河占68%，白尼罗河占10%，阿特巴拉河占22%；在枯水期，尼罗河水量中青尼罗河下降为17%，白尼罗河上升到83%，而阿特巴拉河此时断流，无径流汇入。上述几条河流在尼罗河水量中所占比例的大小和变化，与各河流域的降水多寡、季节分配特点有密切关系。

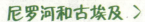

## 尼罗河和古埃及 >

古希腊著名作家希罗多德在公元前430年将埃及描述为"尼罗河的赠予"，可以毫不夸张地说，"没有尼罗河就没有埃及"。

尼罗河流域与两河流域不同，它的西面是利比亚沙漠，东面是阿拉伯沙漠，南面是努比亚沙漠和飞流直泻的大瀑布，北面是三角洲地区没有港湾的海岸。在这些自然屏障的怀抱中，古埃及人可以安全地栖息，无须遭受蛮族入侵所带来的恐惧与苦难。

每年尼罗河水的泛滥，给河谷披上一层厚厚的淤泥，使河谷区土地极其肥沃，庄稼可以一年三熟。尼罗河使得下游

地区农业兴起，成为古代著名的粮仓。在古代埃及，农业始终是最主要的社会经济基础。在如此得天独厚的自然环境和自然条件下，古埃及的历史比较单纯。从约公元前3100年的早王朝时期开始，至约公元前332年，亚历山大大帝征服埃及

为止，共经历了31个王朝。其间虽然经历过内部动乱和短暂的外族入侵，但总的来说政治状况比较稳定。

众所周知，尼罗河流域是世界文明发祥地之一，这一地区的人民创造了灿烂的文化，在科学发展的历史长河中作出了杰出的贡献。其中最突出的代表就是古埃及。流经埃及境内的尼罗河河段虽只有1350千米，却是自然条件最好的一段，平均河宽800~1000米，深10~12米，且水流平缓。提到古埃及的文化遗产，人们首先会想到尼罗河畔耸立的金字塔、尼罗河盛产的纸草、行驶在尼罗河上的古船和神秘莫测的木乃伊。它们标志着古埃及科学技术的高度，同时记载并发扬着数千年文明发展的历程。

纸草是种形状似芦苇的植物，盛产于尼罗河三角洲。茎呈三角形，高约5米，近根部直径6地~8厘米。使用时先将纸草茎的外皮剥去，用小刀顺生长方向切割成长条，并横竖互放，用木槌击打，使草汁渗出，干燥后，这些长条就永久地粘在一起，最后用浮石擦亮，即可使用，成为当时最先进的书写载体——纸莎草纸，比中国蔡伦的纸还早1000多年，成为后世学者研究古埃及文明

的重要文献。但由于纸草不适宜折叠，不能做成书本，因此须将许多纸草片粘成长条，并于写字后卷成一卷，就成了卷轴。

埃及出土的一艘约公元前4700年的古船，船长近50米，设备完好，可见当初的航海技术与规模。而较轻型的船则用芦苇捆绑而成。别小看这种芦苇船，现代人复制的芦苇船已经证明，这种船可以横渡大西洋。这些无疑为古埃及的社会繁荣与文明走向世界起到了至关重要的作用。

尼罗河还使当地人们产生了无与伦比的艺术想象力。坐落在东非干旱大地上那气势恢宏的神庙　是多么粗犷，与旁边蜿蜒流淌的尼　　罗河形成强烈对比。

# 亚马逊河

亚马逊河全长6440千米，流域面积705万平方千米，约占南美大陆总面积的40%。它是世界第二长河，也是世界上流量最大、流域面积最广的河。

早先亚马逊河没有一个总的名称，每条支流和每一段都有它自己的当地名称，在1502年以后，只是被叫做"大河"，后来在西班牙语中叫"marana"，意思是"纠缠"、"混乱"，现在演变成巴西的马腊尼昂州的名称。1542年西班牙探险家法兰西斯科·德·奥雷亚纳在现在的亚马逊河流域探险时被印第安人攻击，他以为遇到了希腊神话中的亚马逊女战士，而将该河命名为亚马逊河。

亚　马　逊　河

# 河流的一生

## 亚马逊河水系组成 〉

亚马逊河自西向东流，沿途接纳了源自安第斯山脉东坡、圭亚那高原南坡、巴西高原西部与北部的河流1000多条，形成庞大的亚马逊河水系网，其中7条长度超过1600千米，20条超过1000千米。其中长度超过1500千米的支流有17条，如左岸的普图马约河、雅背拉河、内格罗河；右岸的茹鲁阿河、普鲁斯河、马代拉河、塔帕若斯河、欣古河等，这些支流伸入到玻利维亚、哥伦比亚、厄瓜多尔、委内瑞拉以及圭亚那等国。

亚马逊河上游约长2500千米，分为上、下两段。上段长约1000千米，落差达5000米，山高谷深、坡陡流急，形成一条系列急流瀑布；下段为两条巨大支流注入亚马逊河的两个河口之间的河段，因为进入亚马逊平原，流速缓慢、曲流发达，至末端河宽约2000米。

亚马逊河中游流经秘鲁、哥伦比亚、巴西，全长约为2200千米。在巴西北部，亚马逊河水深45米，河宽3000米，流速缓

慢；河中岛洲错列、河道呈网状分布，两岸河漫滩宽30～100千米，地势低下，湖沿密布，排水不畅；河流两侧支流众多，都发源于安第斯山东坡，呈羽状分布。至中游末端，河宽至11千米，河深99米。

亚马逊河下游长达1600千米，时而水深河宽，两岸阶地分明，地势低平，河漫滩上水网如织，湖泊星罗棋布，时而水面紧束，水流加快。入海河口宽达330千米，大西洋海潮可溯河直上，最远可深入1600千米。

## 亚马逊河流域 〉

亚马逊河流域北起巴西布朗库(北纬5°)，南至玻利维亚南部的马代拉河河源(南纬约20°)，西起厄瓜多尔昆卡的保特河河源(西经79°31')，东至巴西的马拉若湾(西经约48°)，整个流域跨纬度25°、经度31°31'，南北最宽处约为2776千米，流域面积达691.5万平方千米，约占整个南美洲面积的40%。著名的亚马逊热带雨林就生长在亚马逊河流域。这里同时还是世界上面积最大的平原，面积达560万平方千米。

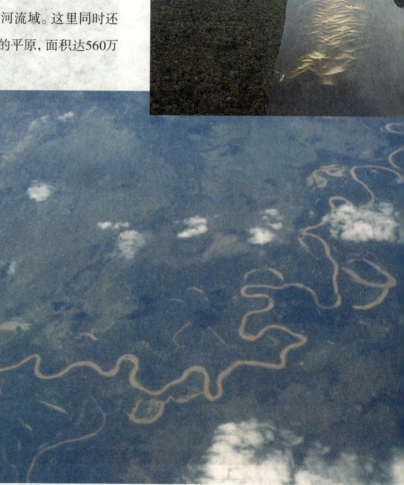

## 亚马逊热带雨林 ⟩

位于南美洲亚马逊盆地的热带雨林,北抵圭亚那高原,西界安第斯山脉,南为巴西中央高原,东临大西洋,占地700万平方千米,横越了8个国家:巴西、哥伦比亚、秘鲁、委内瑞拉、厄瓜多尔、玻利维亚、圭亚那及苏里南,包括法属圭亚那。其中4个国家将雨林所属州份取名亚马逊州。亚马逊雨林占世界雨林面积的一半,森林面积的20%,是全球最大及物种最多的热带雨林。

亚马逊热带雨林蕴藏着世界最丰富、最多样的生物资源,昆虫、植物、鸟类及其他生物种类多达数百万种,其中许多种类科学史上至今尚无记载。亚马逊雨林的生物多样化相当出色,聚集了250万种昆虫、上万种植物和大约2000种鸟类和哺乳动物,生活着全世界鸟类总数的五分之一。有的专家估计每平方千米内有超过75000种的树木,15万种高等植物,包括有9万吨的植物生物量。

## "地球之肺"面临的危机 ›

巴西亚马逊热带雨林研究所（IBAM）在2011年度亚马逊热带雨林保护计划中指出，"由于人为因素，从2003年8月到2010年的8月，巴西亚马逊地区的热带雨林减少了约20万平方千米，接近10个阿尔巴尼亚的国土面积，而与400年前相比，亚马逊热带雨林的面积整整减少了一半"。同年巴西环境部长玛丽娜·席尔瓦在世界雨林保护大会上呼吁，"人类应该积极保护亚马逊热带雨林，当前雨林的减少速度相当于每分钟6个足球场大"。

热带雨林面积的减少主要是由于烧荒耕作、过度采伐、过度放牧和森林火灾等原因造成的，其中烧荒耕作是首要原因，占整个热带森林减少面积的45%。在垦荒过程中，人们把重型拖拉机开进亚马逊森林，把树木砍倒，再放火焚烧。

热带雨林的减少不仅意味着森林资源的减少，而且意味着全球范围内的环境恶化。因为森林具有涵养水源、调节气候、消减污染及保持生物多样性的功能。热带雨林像一个巨大的吞吐机，每年吞噬全球排放的大量的二氧化碳，又制造大量的氧气，亚马逊热带雨林由此被誉为"地球之肺"，如果亚马逊的森林被砍伐殆尽，地球上维持人类生存的氧气将减少1/3。

78

# 伏尔加河

　　伏尔加河是欧洲最长的河流,同时也是世界上最长的内流河。发源于俄罗斯加里宁州奥斯塔什科夫区、瓦尔代丘陵东南的湖泊间,源头海拔228米。自源头向东北流至雷宾斯克转向东南,至古比雪夫折向南,流至伏尔加格勒后,流经森林带、森林草原带和草原带向东南注入里海。河流全长3688千米,流域面积138万平方千米,河口多年平均流量约为8000立方米/秒,年径流量为2540亿立方米。在这个流域居住着6450万人口,约占俄罗斯人口的43%。伏尔加河通过伏尔加河—波罗的海运河连接波罗的海,通过北德维纳河连接白海,通过伏尔加河—顿河运河与亚速海和黑海沟通,注入里海,因此有"五海通航"的美称。

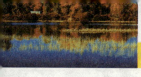

HELIUDEYISHENG

## 伏尔加河的水系组成 〉

伏尔加河支流众多，河网密布。有200余条主要支流，最大的支流有奥卡河和卡马河。伏尔加河干支流河道总长约8万千米。它源自莫斯科西北瓦尔代丘陵。

### • 上游

伏尔加河上游在穿过瓦尔代丘陵时是小溪，出源头后经过一连串彼此沟通的低洼湖泊，下行穿过维什涅伏洛茨基冰碛山岭，形成石滩和急流。在斯塔利茨城以下，伏尔加河进入广阔而微有起伏的低地。在特维尔察河与谢克斯纳河之间，伏尔加河接受了许多支流，如右岸的绍沙河、杜布纳河、涅尔河，左岸的梅德韦季察河、莫洛力河及谢克斯纳河等等。从谢尔巴科夫城至雅罗斯拉夫尔城，伏尔加奔流在两岸高峻且布满针叶林和阔叶林的峡谷中，之后河流进入广阔的低地。在科斯特罗马城以下，两岸又变高峻，再下行又为低地。从谢克斯纳河河口到奥卡河河口，伏尔加河接受许多支流，其中最大的是科斯特罗马河及温扎河。从源头至奥卡河口为伏尔加河上游，此段河长1327千米。

### • 中游

从奥卡河口至卡马河口为伏尔加河中游，长511千米。中游河段接纳近40条支流，以右岸的苏拉河和斯维亚加河，左

岸的维特卢加河为最大。较大的河流尚有克尔仁涅茨河、鲁特卡河、大科克沙河、小科克沙河、伊列季河、卡赞河、库德马河、松多维克河及齐维利河等。

### • 下游

　　卡马河口以下为伏尔加河下游，河段长1850千米。伏尔加河接受卡马河以后，就变成一条浩浩荡荡的大河，卡马河口附近河谷宽达21千米，至捷秋希城与乌里扬诺夫斯克城之间宽达29千米。伏尔加河在察列夫库尔干附近绕过索科尔山形成长约200千米的萨马拉河湾，古比雪夫水电站即兴建在这里。伏尔加河在斯大林格勒（现伏尔加格勒）附近进入里海低地。伏尔加河在里海出口处形成广阔的三角洲，有80余条汉河，其中可以通航的只有巴赫捷米罗夫斯基河、老伏尔加河、布赞河及阿赫图巴河。

《伏尔加河上的纤夫》

世界名画《伏尔加河上的纤夫》是伊里亚·叶菲莫维奇·列宾的代表作，也是他的成名作。现收藏于圣彼得堡俄罗斯国立美术馆。《伏尔加河上的纤夫》是列宾在 19 世纪 80 年代初创作的批判现实主义油画中的杰作。画家目睹的情景，成为挥之不去的记忆，列宾决定把这一苦役般的劳动景象画出来，狭长的画幅展现了一群纤夫的队伍，阳光酷

烈,沙滩荒芜,穿着破烂衣衫的纤夫拉着货船,步履沉重地向前行进。纤夫共 11 人,他们的年龄、性格、经历、体力、精神气质各不相同,画家对此都予以充分体现,统一在主题之中。全画以淡绿、淡紫、暗棕色描绘头上的天空,使气氛显得惨淡,加强了全画的悲剧色彩。

伊里亚·叶菲莫维奇·列宾

# ● 密西西比河

密西西比河全长6020千米，其长度仅次于非洲的尼罗河、南美洲的亚马逊河和中国的长江，是世界第四长河，也是北美洲流程最长、流域面积最广、水量最大的河流。"密西西比"是英文"mississippi"的音译，来源于印第安人阿耳冈昆族语言，"密西"和"西比"分别是"大、老"和"水"的意思，"密西西比"即"大河"或"老人河"。

密西西比河干流发源于世界上面积最大的淡水湖——苏必利尔湖的西侧，源头在美国明尼苏达州西北部海拔501米的、小小的艾塔斯卡湖，向南流经中部平原，注入墨西哥湾。流域北起五大湖附近，南达墨西哥湾，东接阿巴拉契亚山脉，西至落基山脉，面积322万平方千米，约占北美洲面积的1/8，汇集了共约250多条支流。西岸支流比东岸多而长，形成巨大的不对称树枝状水系。密西西比河水量丰富，近河口处年平均流量达1.88万立方米/秒。

密西西比河为北美洲河流之冠，作为高度工业化国家的中央河流大动脉，已成为世界上最繁忙的商业水道之一。这条曾经难以驾驭的河流流经北美大陆一些最肥沃的农田，现已完全由人类控制得当。密西西比河有两个旁支——东面的俄亥俄河和西面的密苏里河。

## 密西西比河河段划分 >

密西西比河按自然特征可分不同河段。

### • 上游

源头艾塔斯卡湖至明尼阿波利斯和圣保罗为密西西比河的上游，长 1010 千米，地势低平，水流缓慢，河流两侧多冰川湖与沼泽，湖水多形成急流瀑布后注入干流。在明尼阿波利斯附近，河流流经 1.2 千米长的峡谷急流带，落差 19.5 米，形成著名的圣安东尼瀑布。沿途有明尼苏达河等支流汇入。

### • 中游

密西西比河的中游从明尼阿波利斯和圣保罗至俄亥俄河口的开罗，长 1373 千米，两岸先后汇入奇珀瓦河、威斯康星河、得梅因河、伊利诺伊河、密苏里河和俄亥俄河。圣路易斯以北河段，河床坡度大，多急流险滩；圣路易斯附近及其以南地段，河床比降减小，河谷渐宽。自开普吉拉多角以下，河流弯曲度明显增大，河谷开阔，俄亥俄河口处河面宽达 24 千米。

### • 下游

开罗以下为密西西比河的下游，长约 1567 千米。主要支流有怀特河、阿肯色河、雷德河等。河口处共有 6 条汊道，长约 30 千米，形如鸟足。河流入海水量的 80% 经由西南水道、南水道和阿洛脱水道 3 条主汊道。河流年平均输沙量 4.95 亿吨，在河口处堆积成面积达 2.6 万平方千米的巨大鸟足状三角洲，以平均每年 96 米的速度继续向墨西哥湾延伸。

## 密西西比河水文特点 ＞

密西西比河流域广阔，各地气候条件不一，因而河流各段的水文特征具有一定差异。上游河段纬度稍高，以春季融雪和雨水补给为主，4月出现全年最高水位，6月因降水增多，出现次高水位，洪水期3~7月，12月为枯水期；年平均流量2900立方米/秒；冬季封冻，含沙量少。中游年平均流量5800立方米/秒，3~8月为洪水期，6月出现最高水位，12月为枯水期；由于西岸流经半干旱地区支流的汇入，河流含沙量增大。下游自俄亥俄河汇入后，水量大增，年平均径流量达1.34万立方米/秒，1~6月为洪水期，4月出现最高水位，10月为枯水期，含沙量大。干流右岸以密苏里河为首，长度大、水量小、季节变化明显；左岸以俄亥俄河为首，长度小、水量大、季节变化缓和。流域内大部分为平原，为美国中南部提供了丰富的灌溉水源和工业、生活用水。但中下游河段因比降小、河漫滩广阔，过去每当春夏，河水暴涨，中游以下沿河低地极易泛滥成灾，有美洲尼罗河之称。

88

## 马克吐温《哈克贝利·芬历险记》

马克·吐温是19世纪美国批判现实主义文学的奠基人，世界著名的短篇小说大师，他是美国文学史上第一个用纯粹的美国口语进行写作的作家，被福克纳称为"美国文学之父"。《哈克贝利·芬历险记》是马克·吐温的代表作。《哈克贝利·芬历险记》描写白人男孩哈克为摆脱文明的教化离家出走，遇上为摆脱被贩卖命运出逃在外的黑人奴隶吉姆，两人结伴乘木排一路漂流在密西西比河上所经过的种种历险与奇遇。全篇现实主义描绘和浪漫主义抒情交相辉映，尖锐深刻的揭露、幽默辛辣的讽刺以及浪漫传奇的描写浑然一体，形成了马克·吐温独特的艺术风格。小说自然景色和人物刻画十分细致逼真，尤其对密西西比河上风光的描写尤其饱含深情，人物描写清晰生动，呼之欲出。

马克·吐温

# ● 泰晤士河

泰晤士河是英国第一大河，发源于英格兰南部科茨沃尔德丘陵靠近塞伦塞斯特的地方，河流先由西向东流，至牛津转向东南方向流，过雷丁后转向东北流，至温莎再次转向东流经伦敦，最后在绍森德附近注入北海，全长338千米，横贯英国首都伦敦与沿河的10多座城市，流域面积11400平方千米。

泰晤士河在赛尔特语意为"宽河"，事实上自伦敦桥河床才开始加深，河面也大大变宽。伦敦桥一带河宽229米，到格雷夫森德时更是宽达640米。泰晤士河是英国最长的河流，可航行的河道有309千米，为进出大西洋的捷径。泰晤士河从西向东横穿伦敦，把城市分为南北两岸。河水清澈平缓，轮船与游艇在河上航行，就好像在蓝色的绸缎上滑行。蜿蜒平缓的泰晤士河，是伦敦的生命线，数百年来，一直是伦敦的主要通道，也是英国的母亲河。

泰晤士河水网较复杂，支流众多，其主要支流有彻恩河、科恩河、科尔河、

温德拉什河、埃文洛德河、查韦尔河、雷河、奥克河、肯尼特河、洛登河、韦河、利河、罗丁河以及达伦特河等。

比起地球上的一些大江大河，泰晤士河虽然不算长，但它流经之处，都是英国文化精华所在，或许可以反过来说，泰晤士河哺育了灿烂的英格兰文明。伦敦的主要建筑物大多分布在泰晤士河的两旁，很多建筑都有着上百年、甚至三四百年历史，如象征胜利意义的纳尔逊海军统帅雕像、葬有众多伟人的威斯敏斯特大教堂、具有文艺复兴风格的圣保罗大教堂、曾经见证过英国历史上黑暗时期的伦敦塔、桥面可以起降的伦敦塔桥等，每一个建筑都称得上是艺术的杰作。这些建筑虽历经沧桑，乃至第二次世界大战那样的战争洗礼，但仍然保持了固有的模样，直至今天还在为人们所使用。在伦敦上游，泰晤士河沿岸有许多名胜之地，诸如伊顿、牛津、亨利和温莎等。泰晤士河的入海口充满了英国的繁忙商船，然而其上游的河道则以其静态之美而著称于世。

泰晤士河在上游最著名的建筑就是汉普顿宫。汉普顿宫位于泰晤士河上游河畔，建于16世纪的汉普顿宫向来有英国的"凡尔赛宫"的外号，是都铎式皇宫的典范。1515年开始建筑，王宫内部有1280间房间，是当时全国最华丽的建筑。

泰晤士河在上游流到伦敦之前还途经了英国非常有名的小镇，一个是位于泰晤士河南岸的温莎镇，一个是位于泰

晤士河北岸的伊顿镇。

温莎堡坐落在温莎镇泰晤士河岸边一个山头上，建于1070年，迄今已有近千年的历史。公元1110年，英王亨利一世在这里举行朝觐仪式，从此，温莎古堡正式成为宫廷的活动场所。温莎古堡是拥有众多精美建筑的庞大的古堡建筑群，也是目前世界上最大的一座尚有人居住的古堡式建筑。自18世纪以来，英国历代君主死后都埋葬在这里。这里的温莎城堡目前依然是伊莉莎白女王最喜爱的居城之一。它之所以盛名远播，完全是因英王爱德华八世为其所爱的人而毅然放弃了王位所致，"不爱江山爱美人"的故事传诵千古。

英国私立男校伊顿公学坐落在伊顿镇，与女王钟爱的温莎宫隔泰晤士河相望。伊顿以"精英摇篮"、"绅士文化"闻名世界，这里曾造就过20位英国首相，培养出诗人雪莱、经济学家凯恩斯，也是英国王子威廉和哈里的母校。伊顿每年250名左右的毕业生中，70余名进入牛津、剑桥，70%的毕业生进入世界名校。

## 泰晤士河见证的英国历史

　　泰晤士河见证了英国的历史，世界资本主义的源头里，倾注过泰晤士河的水流。17世纪40年代，正是在这里率先进行了资产阶级革命，封建国王查理被判死刑，克伦威尔执政；历经百年，建立君主立宪国家，资产阶级的统治和资本主义的体制得以巩固。伟大的革命诗人弥尔顿在泰晤士河畔，写下了著名的《失乐园》和《复乐园》，憧憬了美好的新世界。伟大的发明家瓦特，1785年正是在泰晤士河畔，被选为皇家学会会员。又过了不到100年，有两位伟人马克思和恩格斯，在这里从事对资本主义的批判和对共产主义的构想，他们的思想一直影响到今天。马克思正是在这里写下了世界无产阶级革命的圣经——《资本论》。泰晤士河水曾经映照出他后半生的身影。当他走完生命的最后里程之后，仍然安息在这里，静静地躺在离泰晤士河不远的地方。

瓦特

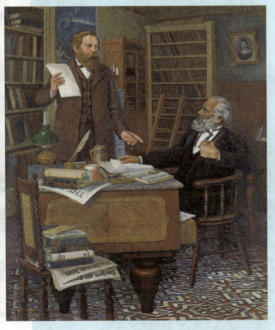

马克思与恩格斯

弥尔顿

93

# 信浓川

信浓川发源于日本关东山地的甲武信岳，注入日本海，干流全长367千米，是日本最长的河流；流域面积约12340平方千米，居日本第三。从源头到长野县与新潟县边界的一段为其上游，又称千曲川，长214千米，流域面积7163平方千米；从新潟县与长野县边界起至大河津分洪道止为其中游段，流域面积3320平方千米；大河津洗堰以下到河口为下游段，流域面积1420平方千米。中下游段称为信浓川，共长153千米。

信浓川流出发源地后，向北流经小诸市和上田市，进入长野盆地，在此段有左支流犀川汇入。流过新潟县与长野县边界之后，先后有中津川、清津川和鱼野川汇合，进入新潟平原，在分水町分出大河津分洪道，继而又分出中之口川，并先后与五十岚川、刘谷田川、加茂川汇合，最后再分出关屋分洪道，穿越新潟市中心注入日本海。

信浓川上游的千曲川流域属高山地形，地层以安山岩为主。信浓川中下游流域由于河流向两侧侵蚀，岩坡崩塌，形成了两岸的山谷和壮观的河岸阶地；岸坡崩塌后随水流流下的泥沙，在下游形成冲积平原。

# 澜沧江—湄公河

湄公河，干流全长4880千米，是亚洲最重要的跨国水系，世界第七大河流；主源为扎曲，发源于中国青海省玉树藏族自治州杂多县。流经中国、老挝、缅甸、泰国、柬埔寨和越南，于越南胡志明市流入南海。湄公河上游在中国境内，称为澜沧江，流出中国国境以后的河段称湄公河，占澜沧江—湄公河总流面积的77.8%，几乎包括整个老挝、柬埔寨和泰国的大部分地区、越南的三角洲地区。

由于流经区域具有独特的气候特点和地理条件，澜沧江—湄公河水系孕育了世界上最丰富的淡水鱼类生态系统。整个流域已知鱼类多达1700多种，鱼类多样性在世界大江大河排名中名列第二，仅次于亚马逊河流域。2000年，世界野生动物基金会把澜沧江—湄公河流域确定为世界上最重要的淡水鱼类生态区域之一。澜沧江—湄公河的鱼类资源对整个流域内生活的6500万人的生计至关重要，是他们获取蛋白质和营养的主要来源。澜沧江—湄公河流域淡水鱼类年捕获量高达180万吨，价值14亿美元，为世界上最大的内河淡水渔业。

# ● 刚果河

刚果河又称扎伊尔河,非洲第二长河,位于中西非。上游卢阿拉巴河发源于扎伊尔沙巴高原,最远河源在赞比亚境内,叫谦比西河。刚果河干流流贯刚果盆地,河道呈弧形穿越刚果民主共和国,沿刚果民主共和国—刚果共和国边界注入大西洋。全长约4700千米,流域面积约370万平方千米。

由于流经赤道两侧,获得南北半球丰富降水的交替补给,具有水量大及年内变化小的水情特征,河口年平均流量为每秒41000立方米,最大流量达每秒80000立方米。如果按流量来划分,刚果河的流量仅次于亚马逊河,是世界第二大河,也是世界上唯一干流两次穿越赤道的河流。

刚果河流域包括了刚果民主共和国几乎全部领土、刚果共和国和中非共和国大部、赞比亚东部、安哥拉北部以及喀麦隆和坦桑尼亚的一部分领土。这片广

阔的流域，密集的支流、副支流和小河分成许多河汊，构成一个扇形河道网。这些河流从周围海拔270~460米的斜坡上流入一个中央洼地，这个洼地就是地球上最大的盆地——刚果盆地。

刚果河主要支流有乌班吉河、夸河和桑加河。刚果河自源头至河口分上、中、下很不相同的三段。上游的特点是多汇流、湖泊、瀑布和险滩；中游有7个大瀑布组成的瀑布群，称为博约马瀑布；下游分成两汊，形成一片广阔的湖区，称为马莱博湖。

刚果河流域具有非洲最湿润的炎热气候，最广袤、最浓密的赤道热带雨林。刚果河有终年不断的雨水供给，流量匀衡。刚果河自博约马瀑布以下可部分通航，加上众多支流，构成总长约16000千米的航运水道系统，对促进内陆的经济发展发挥着重要作用。刚果河流域的水力蕴藏量占世界已知水力资源的六分之一，但目前尚未进行多少开发。

# ● 印度河

印度河干流源于中国西藏境内喜马拉雅山系凯拉斯峰的东北部，山峰平均海拔约5500米，终年冰雪覆盖。印度河上游为狮泉河，河流在印度境内基本上向西北流。河流穿过喜马拉雅山脉和喀喇昆仑山脉之间，接纳众多冰川，进入巴基斯坦境内后，在布恩吉附近与吉尔吉特河相汇，然后转向西南流，转向西南贯穿巴基斯坦全境，在卡拉奇附近注入阿拉伯海。左侧支流的上游的大部分在印度境内，少部分在中国境内，右侧的一些支流源于阿富汗。印度河总流域面积为103.4万平方千米，干流长约2900

千米，平均年径流量2070亿立方米，年输沙量约为5.4~6.3亿吨，平均含沙量3千克/立方米。

印度河干流从源头至卡拉巴格为上游，长约1368千米。河流穿行于峡谷中，河道狭窄，比降大，多急滩，流速大。其中有两个大峡谷段，一个是从斯卡杜至本吉，一个是从阿托克至卡拉巴格。从卡拉巴格至海德拉巴德为下游段，河床比降小，河道宽阔，河流分支汊，流速缓慢，具有平原河流的特征。但在苏库尔和罗里山之间，河道狭窄，在塞危镇附近出现高约182米的拉希山陡壁。从海德拉巴

以下为河口段，亦即印度河三角洲。由于上游多为冰川雪山，融雪带来大量泥沙，淤积于河床，致使三角洲面积逐年扩大，河口每年向外延伸约11.8米。

印度河是巴基斯坦主要河流，也是巴基斯坦重要的农业灌溉水源。1947年印巴分治以前，印度河仅次于恒河，为印度文化和商业中心地带。河流总长度2900~3200千米。印度河文明为世界上最早进入农业文明和定居社会的主要文明之一。1947年印巴分治，分为印度和巴基斯坦，河水归两国共同使用。为了避免纠纷，两国在1960年签订了《印度河用水条约》，规定印度使用河水系总水量的1/5，其余归巴基斯坦使用。

# ● 恒 河

恒河，是印度北部的大河，自远古以来一直是印度教徒的圣河。其大部流程为宽阔、缓慢的水流，流经世界上土壤最肥沃和人口最稠密地区之一。尽管地位重要，但其2700千米的长度使其无论以世界标准还是亚洲标准衡量都显得短了一些。恒河源出喜马拉雅山南麓加姆尔的甘戈特力冰川，全长2700千米，流域面积106万平方千米（不包括支流贾木纳河及其以上部分）；河口处的年平均流量为2.51万立方米/秒；其中在印度境内长2071千米，流域面积95万平方千米，年平均流量为1.25万立方米/秒。

恒河发源于喜马拉雅山脉，注入孟加拉湾，流域面积占印度领土1/4，养育着高度密集的人口。恒河流经恒河平原，这是印度斯坦地区的中心，亦是从公元前3世纪阿育王的王国至16世纪建立的蒙兀儿帝国为止一系列文明的摇篮。恒河大部流程流经印度领土，不过其在孟加拉地

区的巨大的三角洲主要位于孟加拉境内。

恒河用丰沛的河水哺育着两岸的土地，给沿岸人民以舟楫之便和灌溉之利，用肥沃的泥土冲积成辽阔的恒河平原和三角洲，勤劳的恒河流域人民世世代代在这里劳动生息，历史学家、考古学家的足迹遍布恒河两岸，诗人歌手行吟河畔。至今，这里仍是印度、孟加拉国的精粹所在。

印度是四大文明古国之一，曾经创造了人类历史上著名的"恒河文明"。恒河这条世界名川，被印度人民尊称为"圣河"和"印度的母亲"。众多的神话故事和宗教传说构成了恒河两岸独特的风土人情。作为印度的圣河，恒河历史悠久，有着浓厚的民俗和文化色彩，即使经过千年的文明洗礼，恒河两岸的人们仍然保持着古老的习俗。

恒河三角洲

# ● 墨累河

墨累河是澳大利亚的主要河流，发源于新南威尔士州东南部雪山海拔1826米的派勒特山西侧。源流从南向北流，与山脉平行流淌大约100千米。流出山区后与普莱思河上游河段吉黑河及图马河相汇。与图马河汇合后向西流，穿过休姆水库，在罗宾韦尔附近接纳它的第二大支流马兰比吉河，继续向西北流，在文特沃斯市接纳它的第一大支流达令河，至南澳大利亚州的摩根后急转向南流322千米，在距海77千米处流入亚历山德里娜湖，最后在阿得雷德附近注入南印度洋的因康特湾。

墨累河干流全长2589千米，流域面积30万平方千米，多年平均流量190立方米/秒，年径流量59.5亿立方米。如以最长支流达令河计算，全长3750千米，全流域总面积107.3万平方千米，径流总量227亿立方米，可开发径流量130亿立方米，地下水可开采量为60亿立方米。从长度与流域面积来看，墨累河是澳洲大陆最重要的河流，也是澳洲大陆流量最大的河流，它与达令河形成墨累—达令盆地。

# ● 南极洲有河流吗?

在气候寒冷、大部为冰雪覆盖的南极洲,也同样有河流和湖泊的存在,只是存在的形式较奇特,发生和演变的规律独具特色而已。南极洲河流大都分布在沿海地带和无冰覆盖的"绿洲"里,暖季冰雪融化产生径流,形成暂时性河流,因此,这里无常流河。河水流不多远就直接注入海洋或湖泊,故河流大多短小,以伊拉特"绿洲"(东经160°,南纬78°附近)中的奥尼克斯河最长,约30千米,注入范达湖,每年12月到第二年2月有水,水深约1米。在班格尔"绿洲"(东经101°,南纬66°10′)也有一些长20千米左右的暂时性河流。南极洲的河流水量虽不大,但有时也能泛滥成灾。

# ● 哥伦比亚的彩虹河

位于哥伦比亚北部的Cano Cristales以"从天堂流出的河流"而著称，也是世界上最美的河流。色彩各异、令人惊叹的水藻群将河床装饰成一个汇集了红、黄、蓝、绿、黑等各色的万花筒，晶莹剔透的瀑布涌入霓虹灯一般的潮池中。这种超凡脱俗的彩虹现象只有在夏季高温时才会出现——高温有利于水藻快速繁殖，将浓烈的色彩泼洒于起伏的河床及旋涡中。

# ● 中国七大河流

在中国广袤的土地上，江河不计其数，据统计，流域面积超过100平方千米的河流就有50000多条，而流域面积在1000平方千米以上的河流也有1500多条。当然，绝大多数河流分布在气候湿润的东南部，在西北部，由于干旱少雨，也存在大面积的无流区。

那些流入海洋的外流河中，流入太平洋的，自北至南主要有黑龙江、乌苏里江、松花江、图们江、鸭绿江、辽河、海河、黄河、淮河、长江、钱塘江、闽江、珠江、元江、澜沧江等；流入印度洋的，有怒江、雅鲁藏布江；流入北冰洋的，有新疆的额尔齐斯河。较长的内流河，有新疆的塔里木河、伊犁河和流经青海、甘肃、内蒙古的黑河。外流河的流域面积占到全国总面积的65.2%。黑龙江、乌苏里江、图们江、鸭绿江等分别是中俄、中朝两国的界河，只有一岸在中国；元江、澜沧江、怒江、雅鲁藏布江、额尔齐斯河等河流，上游在中国，下游在其他国家，都属于国际性河流。它们地处边疆，水资源很丰富，治理、开发利用涉及的因素比较多。

而在我国众多江河之中，长江、黄河、淮河、海河、珠江、辽河、松花江并称为"七大河流"。

黑龙江
松花江
辽河
黄河
海河
渭河
汉江
淮河
嘉陵江
大渡河
长江
钱塘江
岷江
闽江
珠江

# ● 长 江

长江之所以被称为亚洲第一大河，是因为其流域面积、长度、水量都占亚洲第一位。它发源于青藏高原唐古拉山的主峰各拉丹冬雪山。长江流域从西到东约3219千米，由北至南966千米。长江全长6397千米，是世界第三长河，仅次于非洲的尼罗河与南美洲的亚马逊河，水量也是世界第三；总面积180.85万平方千米（不包括淮河流域），约占全国土地总面积的1/5，和黄河一起并称为"母亲河"。长江干流所经省级行政区总共有11个，从西至东依次为上游地区：青海省、四川省、西藏自治区、云南省；中游地区：重庆市、湖北省、湖南省，江西省；下游地区：安徽省、江苏省和上海市。最后由上海市的崇明县流入东海。其支流流域还包括甘肃、贵州、陕西、广西、河南、浙江、广东等省的部分地区。

108

长江起源于距今1.4亿年前的侏罗纪时的燕山运动，在长江上游形成了唐古拉山脉，青藏高原缓缓抬高，形成许多高山深谷、洼地和裂谷。长江中下游大别山和川鄂间巫山等山脉隆起，四川盆地凹陷，古地中海进一步向西部退缩。距今1亿年前的白垩纪时，四川盆地缓慢上升。夷平作用不断发展，云梦、洞庭盆地继续下沉。距今3000~4000万年前的始新世发生强烈的喜马拉雅山运动，青藏高原隆起，古地中海消失，长江流域普遍间歇上升。其上升程度，东部和缓，西部急剧。金沙江两岸高山突起，青藏高原和云贵高原显著抬升，同时形成了一些断陷盆地。河流的强烈下切作用，出现了许多深邃险峻的峡谷，原来自北往南流的水系相互归并顺折向东流。长江中下游上升幅度较小，形成中、低山和丘陵，低凹地带下沉为平原（如两湖平原、南襄平原、鄱阳平原、苏皖平原等）。到了距今300万年前时，喜马拉雅山强烈隆起，长江流域西部进一步抬高。从湖北伸向四川盆地的古长江溯源侵蚀作用加快，切穿巫山，使东西古长江贯通一气，江水浩浩荡荡，注入东海，今日之长江形成。

# 河流的一生

## 长江流域的气候和水文 >

长江流域气候温暖，雨量丰沛，由于幅员辽阔，地形变化大，因此有着多种多样的气候类型，也经常发生洪、涝、旱、冰雹等自然灾害。长江中下游地区四季分明，冬冷夏热，年平均气温16℃～18℃，夏季最高气温达40℃左右，冬季最低气温在零下4℃左右。四川盆地气候较温和，冬季气温比中下游增加约5℃。昆明周围地区则是四季如春。在金沙江峡谷地区呈典型的立体气候，山顶白雪皑皑，山下四季如春。江源地区属典型的高寒气候，年平均气温−4.4℃，四季如冬、干燥、气压低、日照长和多冰雹大风。

长江流域夏季和夏季前后，盛行分别来自太平洋和印度洋挟带着大量水汽的东南季风和西南季风，在季风进退与冷暖气流交锋过程中，形成降水。6月中旬副高脊线跃进到北纬20°～25°，中下游地区进入梅雨季节。7月中旬北跃，该地区出梅，进入伏旱天气。冬季和冬季前后，流域内盛行来源于极地和亚洲高纬度地区寒冷又干燥的冷空气，降水很少。长江流域多年平均降水量近1100毫米。雨季为4～10月，其降水量可占年降水量的85%。流域内除金沙江白玉、支流雅砻江炉霍以外，其余150万平方千米的广大地区时有暴雨出现。流域主要暴雨

高值区有二：一是以赣东北为中心，包括湘北、皖南和鄂南地区，年平均降水量1800~2000毫米；二是以川西雅安地区为中心，包括川东、川北、陕南、鄂西和滇西北地区，年平均降水量约为2000毫米。

长江水量丰富。金沙江屏山站(位于新市镇与宜宾间)集水面积48.51万平方千米，多年平均流量4570立方米/秒，实测最大洪峰流量为29000立方米/秒。宜昌站多年平均流量为14300立方米/秒，实测最大洪峰流量71100立方米/秒。调查最大洪峰流量105000立方米/秒，大通站多年平均流量为29000立方米/秒。

## 长江三峡 〉

长江三峡西起重庆市的奉节的白帝城，东至湖北省的宜昌的南津关，自西向东主要有三个大的峡谷地段——瞿塘峡、巫峡和西陵峡，因而得名。三峡两岸高山对峙，崖壁陡峭，山峰一般高出江面1000~1500米，最窄处不足百米。三峡的形成是由于这一地区地壳不断上升，长江水强烈下切的结果。因此这一地区水力资源极为丰富。

三峡全长193千米，两岸悬崖绝壁，江中滩峡相间，水流湍急，唐代大诗人李白经过这里留下了优美的诗句："朝辞白帝彩云间，千里江陵一日还。两岸猿声啼不住，轻舟已过万重山。"

瞿塘峡，又名夔峡。瞿塘峡非常险峻，两岸如削，岩壁高耸，大江在悬崖绝壁中汹涌奔流，自古就有"险莫若剑阁，雄莫若夔"之誉。瞿塘峡是三峡中最短的一个峡，西起重庆市奉节县的白帝城，东至巫山县的大溪镇，全长虽然只有8千米，但有"西控巴渝收万壑，东连荆楚压群山"的雄伟气势。在三段峡谷中，它最短，最狭，最险，气势和景色也最为雄奇壮观。其"雄"首先是山势之雄。游人进入峡中，但见两岸险峰上悬下削，如斧劈

刀削而成。山似拔地来，峰若刺天去。峡中主要山峰，有的高达1500米。瞿塘峡中河道狭窄，河宽不过百余米。最窄处仅几十米，这使两岸峭壁相逼甚近，更增几分雄气。其中峡之西端的夔门尤为雄奇。它两岸若门，呈欲合未合之状，堪称天下雄关。瞿塘之雄还在于水势之雄。古人咏瞿塘："锁全川之水，扼巴蜀咽喉"。这一锁一扼，便形成了"众水会涪万，瞿塘争一门"的壮观水势。古人禁不住对此慨叹道："瞿塘嘈嘈急如弦，洄流溯逆将复船"，"高江急峡雷霆斗，古木苍藤日月昏"。在峡中狭窄的河道上，洪水期常有惊涛拍岸的壮观。

巫峡自巫山县城东大宁河起，至巴东县官渡口止，全长46千米，又名大峡。巫峡绮丽幽深，以俊秀著称天下。它峡长谷深，奇峰突兀，层峦叠嶂，云腾雾绕，江流曲折，百转千回，船行其间，宛若进入奇丽的画廊，充满诗情画意与惊险刺激。"万峰磅礴一江通，锁钥荆襄气势雄"是对它真实的写照。峡江两岸，青山不断，群峰如屏，船行峡中，时而大山当前，石塞疑无路；忽又峰回路转，云开别有天，巫峡又如一条迂回曲折的过道。巫峡两岸群峰，它们各具特色。"放舟下巫峡，心在十二峰。"屏列于巫峡南北两岸巫山十二峰极为壮观，而十二峰中又以神女峰最为峭丽。古往今来的游人莫不被这里的迷人景色吸引陶醉。

西陵峡西起秭归县香溪河口，东至宜昌市南津关，全长76千米，是长江三峡中最长的峡谷。因位于楚之西塞和夷陵（宜昌古称）的西边，故叫西陵峡。西陵峡以滩多水急著称，著名的新滩、崆岭滩等，这些险滩，有的是两岸山岩崩落而成，有的是上游沙石冲积所致，有的是岸边伸出的岩脉，有的是江底突起的礁石。滩险处，水流如沸，泡旋翻滚，汹涌激荡，惊险万状。

## 长江文明 〉

长江是中华民族的母亲河,早在200多万年前这里便生活着目前所知的中国境内最早的人类:巫山人。随后元谋猿人、南京猿人、郧县人、长阳人、资阳人……先后在长江边上留下了他们的足迹,构筑了一个完整的长江人类进化谱系。长江孕育了异彩纷呈的长江文化,创造了璀璨夺目的长江文明,为中华文明和世界文明作出了杰出的贡献。在这里,我们的先民人工栽培了世界上最早的水稻,发明了最古老的舟船,他们巧夺天工的盐业采集技术享誉中外,更孕育了精妙绝伦的玉石器文化,繁衍出辉煌灿烂的城市文明。 一切始于200万年前的江畔,长江流域以其独具特色的文化与黄河流域一样同为中华文明的发源地之一。

• 水稻

**在新石器时代早期(距今约7000年)浙江余姚河姆渡遗址发现水稻**

1973年在发现河姆渡文化遗址的过程中,发现了大量的稻谷。这些稻谷刚出土时外形完好,呈金黄色,连颖壳上的稃毛及谷芒都清晰可见,但出土后马上变成黑褐色。水稻是长江献给世界人类最宝贵的礼物。肥沃的长江流域不仅是水稻的发祥地,更是全球知名的水稻产地。从人类发现第一株野生稻,至人工栽培籼稻、粳稻,直至现在全球推广杂交水稻,水稻已承担起养育世界近一半人口的重任。几千年来,以水稻为中心的生产劳动在长江流域培育出独具特色的稻作文化。万余年来,水稻由长江流域走向了黄河,并且漂洋过海,传遍全球,成为养活全人类的重要农作物,被世界各地广泛种植栽培。

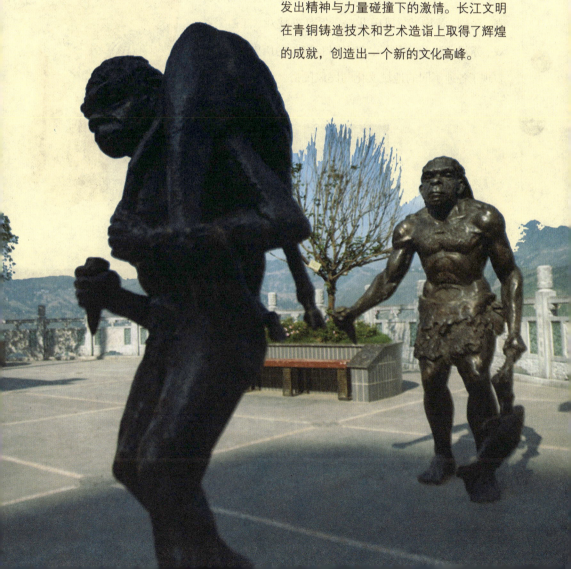

## • 青铜器

**在商后期（约公元前1300-前1046年）三星堆二号祭祀坑出土人首鸟身铜像**

青铜是红铜和锡、铅的合金，青铜在生产生活中的广泛使用标志着人类历史进入了一个新的阶段——青铜时代。长江流域古老民族创造的青铜文化犹如群星闪烁的夜空，异彩纷呈。巴蜀的神秘、古滇的淳朴、荆楚的浪漫、吴越的隽秀，都在一件件青铜器中凝聚成一种精神，一种文化，虽历经两千多年的岁月冲刷，却依旧气韵非凡、光彩夺目。它们所呈现出的天人合一、生机盎然、融会贯通、刚毅自强，散发出多元文化交织所形成的独特魅力，迸发出精神与力量碰撞下的激情。长江文明在青铜铸造技术和艺术造诣上取得了辉煌的成就，创造出一个新的文化高峰。

# 河流的一生

## 音乐与戏曲 〉

　　音乐，与长江有着不解之缘。长江流域的音乐以轻柔、秀丽、妩媚、婉转见长，具有典型的南国情调。14万年前的"兴隆洞石哨"堪称人类最早的乐器，曾侯乙编钟更是奏出天籁之音。昆曲等使长江成为音乐与艺术之水，而长江流域的各类戏曲更是中国珍贵的非物质文化遗产，有川剧、昆曲、越剧、楚剧、苏剧、沪剧、扬剧、黄梅戏、凤阳花鼓、湖南花鼓戏、江西采茶戏、苏州评弹及皮影等，它们都有悠久的历史传统，都表现了各地不同的地域文化与民风民俗。

## 长江上最古老的水利工程——都江堰 >

  都江堰位于四川省成都市都江堰市灌口镇，是
中国建设于古代并使用至今的大型水利工程，被誉为
"世界水利文化的鼻祖"，是全国著名的旅游胜地。都
江堰水利工程是由秦国蜀郡太守李冰及其子
率众于公元前256年左右修建的，是全世界迄
今为止，年代最久、唯一留存、以无坝引水为特
征的宏大水利工程。都江堰的整体规划是将岷江水
流分成两条，其中一条水流引入成都平原，这样既
可以分洪减灾，又可以引水灌田、变害为利，其主体
工程包括鱼嘴分水堤、飞沙堰溢洪道和
宝瓶口进水口三个部分。

李冰父子

117

HELIUDEYISHENG

# ● 黄 河

如果说长江文明是中华文明的腹地，那么黄河文明就是中华文明的心脏。历史上四分之三以上的大一统王朝定都于黄河流域，南北朝和宋元之际，两次民族大融合亦在此完成，黄河每一次改道和泛滥都影响着王朝的兴衰更迭，对黄河水患的敬畏和超越，成为中华文明发展的动力。

黄河发源于青藏高原巴颜喀拉山北麓的约古宗列盆地西南缘的雅拉达泽，曲折穿行于黄土高原、华北平原，最后在山东垦利县注入渤海。全长5464千米，流域面积79.5万平方千米，是中国第二大河。黄河以泥沙含量高而闻名于世。其含沙量居世界各大河之冠。据计算，黄河从中游带下的泥沙每年约有16亿吨之多，如果把这些泥沙堆成1米高、1米宽的土墙，可以绕地球赤道27圈。"一碗水半碗泥"的说法，生动地反映了黄河的这一特点。黄河多泥沙是由于其流域为暴雨区，而且中游两岸大部分为黄土高原。大面积深厚而疏松的黄土，加之地表植被破坏严重，在暴雨的冲刷下，滔滔洪水挟带着滚滚黄沙一股脑儿地泻入黄河。由于河水中泥沙过多，使下游河床因泥沙淤积而不断抬高，有些地方河底已经高出两岸地面，成为"悬河"。因此，黄河的防汛历来都是国家的大事。

黄河干流贯穿9个省、自治区，分别为：青海、四川、甘肃、宁夏、内蒙古、陕西、山西、河南、山东，注入渤海。年径流量574亿立方米，平均径流深度77毫米。但水量不及珠江大，沿途汇集有35条主要支流，较大的支流在上游有湟水、洮河，在中游有清水河、汾河、渭河、沁河，下游有伊河、洛河。两岸缺乏湖泊且河床较高，流入黄河的河流很少，因此黄河下游流域面积很小。

# 河流的一生

## 黄河河流分段 〉

### • 上游

内蒙古托克托县河口镇以上的黄河河段为黄河上游。上游河段全长 3472 千米，流域面积 38.6 万平方千米；上游河段总落差 3496 米，平均比降为 1‰；上游河段年来沙量只占全河年来沙量的 8%，水多沙少，是黄河的清水来源。上游河道受阿尼玛卿山、西倾山、青海南山的控制而呈 S 形弯曲。黄河上游根据河道特性的不同，又可分为河源段、峡谷段和冲积平原三部分。

### • 中游

内蒙古托克托县河口镇至河南孟津的黄河河段为黄河中游，河长 1206 千米，流域面积 34.4 万平方千米；中游河段总落差 890 米，平均比降 0.74‰；中游区间增加的水量占黄河水量的 42.5%，增加沙量占全黄河沙量的 92%，为黄河泥沙的主要来源。

## • 下游

　　河南孟津以下的黄河河段为黄河下游，河长 786 千米，流域面积仅 2.3 万平方千米；下游河段总落差 93.6 米，平均比降 0.12‰；区间增加的水量占黄河水量的 3.5%。由于黄河泥沙量大，下游河段长期淤积形成了举世闻名的"地上悬河"。

## 悬河 ❯

　　河床高出两岸地面的河叫"悬河"，又称"地上河"。"悬河"形成的原因是：流域来沙量很大的河流，在河谷开阔、比降平缓的河段，泥沙大量堆积，河床不断抬高，水位相应上升，为防止水害，两岸大堤随之不断加高，年长日久，河床高出两岸地面，成为"悬河"。黄河下游从孟津到入海口，流程786千米。每年大约有4亿吨泥沙淤积在下游河道内，使得河床逐年升高，由此黄河成为世界上著名的"悬河"。现在的黄河下游河床，一般比堤外地面高出3~5米，在河南封丘县的曹岗，竟高出10米。

## ▶ 大禹治水

在 4000 多年前，我国的黄河流域洪水为患，尧命鲧负责领导与组织治水工作。鲧采取"水来土挡"的策略治水。鲧治水失败后由其独子禹主持治水大任。禹接受任务后，先带着尺、绳等测量工具到全国的主要山脉、河流作了一番周密的考察。他发现龙门山口过于狭窄，难以通过汛期洪水；他还发现黄河淤积，流水不畅。于是他确立了一条与他父亲的"堵"相反的方针，叫做"疏"，就是疏通河道，拓宽峡口，让洪水能更快地通过。禹治水的核心思路是"治水须顺水性，水性就下，导之入海。高处就凿通，低处就疏导"。根据轻重缓急，禹制定了一个治水的顺序，先从首都附近地区开始，再扩展到其他地区。

据说禹治水到涂山国，即他家所在地，但他三过家门，都因治水忙碌，无法进家门看看。他的妻子到工地看他，也被他送回。禹治水 13 年，耗尽心血与体力，终于完成了这一件名垂青史的大业。

# 河流的一生

## 黄河流域地貌 >

黄河流域位于北纬32°~42°，东经96°~119°之间。流域的地势是自西向东逐级下降。按高度的明显变化，可分为三级阶梯。

最高一级阶梯是流域西部的青海高原，位于著名的"世界屋脊"——青藏高原的东北部。青海高原平均海拔4000米以上，有一系列西北—东南向的山脉，如北部的祁连山、南部的阿尼玛卿山(又称积石山)和巴颜喀拉山。黄河迂回于山岭之间，呈"S"形大拐弯。阿尼玛卿山海拔6282米，是黄河流域的最高点。山顶终年积雪，冰峰起伏，气象万千。青海高原南缘的巴颜喀拉山脉山峦绵延，是黄河与长江上游通天河的分水岭。祁连山横亘于高原北缘，构成青海高原与内蒙古高原的分界。巴颜喀拉山北麓的约古宗列盆地，海拔4500米以上，为黄河源头。河源地区河谷宽阔，河道平缓地穿行在海拔4100~4300米的湖盆地带。黄河出鄂陵湖，大体东流，奔驰在阿尼玛卿山和巴颜喀拉山之间，至青川交界处，受阻于岷山，折向西北，流过著名的松潘草地。本阶梯东北部以祁连山为界。

第二级阶梯大致以太行山为东界，

海拔1000～2000米，分属于内蒙古高原和黄土高原，黄土高原占大部分。流域西北界贺兰山、狼山主峰海拔分别为3554米和2364米，是阻挡腾格里、乌兰布和等沙漠向黄河流域腹地侵袭的天然屏障。流域南界的秦岭山脉是中国亚热带和暖温带的南北分界线，是黄河与长江的分水岭，同时也是西北风沙不能南扬的挡风墙。本区西部有著名的六盘山，东部有吕梁山和太行山，阶梯内地形地貌差异较大，可分为以下几个自然地理区域：

（1）河套冲积平原，分布在黄河河套沿岸，包括宁夏平原和内蒙古河套平原，长达750千米，宽50千米左右。其中宁夏平原海拔1100～1200米；内蒙古河套平原海拔900～1100米。

（2）鄂尔多斯高原，位于黄河河套以南，西、北、东三面均为黄河所环绕，南界长城，面积约13万平方千米。除西缘的桌子山海拔超过2000米以外，其余绝大部分海拔为1000～1400米，是一块近似方形的台状干燥剥蚀高原，高原上风沙地貌发育，河流稀少，盐碱湖泊众多，降雨地表径流大部汇入湖中。

（3）黄土高原，北起长城，南界秦岭，西抵青海，东至太行山脉，海拔一般为800～2000米。主要为近200万年以来的风成堆积，是世界上一个主要的黄土分布区。地貌形态较复杂，黄土塬、梁、峁、沟是黄土高原地貌主体。由于新构造运动，黄土高原不断抬升，加之土质松散，垂直节理发育，植被稀疏，在长期暴

## 河流的一生

*HELIUDEYISHENG*

雨径流的水力侵蚀和滑坡、崩塌、泻溜等重力侵蚀作用下，黄土高原水土流失十分严重，是黄河泥沙的主要来源地。黄河干流河口镇至龙门长725千米的河段内，峡谷深邃，谷深100余米，谷底高程由1000米降至400米，两岸汇入的支流密度最大，切割侵蚀也最为强烈。汾河盆地位于山西省中部，包括太原、临汾、运城三盆地，底部最宽处40千米，由北部的海拔800米逐渐降至南部的331米，比周围的山地约低500~1000米不等。渭河盆地又称关中盆地，南临秦岭，北达渭北高原南缘，东西长约360千米，宽30~80千米，土地面积3.04万平方千米，号称"八百里秦川"，又称"关中平原"。

（4）崤、熊、太山地，包括豫西山地和黄河以北的太行山地。豫西山地大部分海拔在1000米以上。崤山余脉沿黄河南岸延伸，通称邙山。伏牛山、嵩山分别是黄河流域同长江、淮河的分水岭。太行山耸立在山西高原与华北平原之间，最高岭脊海拔1500~2000米，是黄河流域与海河流域的分水岭，也是华北地区一条重要的自然地理界线。

第三级阶梯自太行山系以东直至海滨。这级阶梯是海拔1000米以下的丘陵和100米以下的平原，包括黄河下游冲积平原、鲁中丘陵和黄河河口三角洲：

（1）黄河下游冲积平原。是我国的第二大平原——华北平原的重要组成部分。它包括豫东、豫北、鲁西、鲁北、冀南、冀北、皖北、苏北等地区，面积达25万平方千米。黄河流入冲积平原后，河道宽阔平坦，泥沙沿程淤积，河床高出两岸地面一般为3~5米，个别河段10米，成为举世闻名的"地上河"。平原地势大体以黄河大堤为分水岭，地面坡降平缓，微向海洋倾斜。大堤以北为海河平原，属海河

流域；大堤以南为黄淮平原，属淮河流域。

（2）鲁中丘陵。为受燕山运动及喜马拉雅运动而隆起的地垒地区。区内的泰山、鲁山和沂山，自西向东构成断续的略呈弧形的泰沂山脉，海拔400～1000米，蒙山横亘于泰沂山脉之南。泰山主峰山势雄伟，海拔1524米，古称"岱宗"，为我国五岳之长。

（3）黄河河口三角洲。为近代黄河泥沙冲积而成，地面平坦，海拔在10米以下，面积达5454平方千米。三角洲上的故河道，呈扇形分布，海岸线随河口的摆动而延伸。近百年来，黄河在这里造陆约2300平方千米。

 河图洛书

河图与洛书是中国古代流传下来的两幅神秘图案，历来被认为是河洛文化的滥觞。相传，上古伏羲氏时，洛阳东北孟津县境内的黄河中浮出龙马，背负"河图"，献给伏羲。伏羲依此而演成八卦，后为《周易》来源。又相传，大禹时，洛阳西洛宁县洛河中浮出神龟，背驮"洛书"，献给大禹。大禹依此治水成功，遂划天下为九州。又依此定九章大法，治理社会，流传下来收入《尚书》中，名《洪范》。《易·系辞上》说："河出图，洛出书，圣人则之"，就是指这两件事。

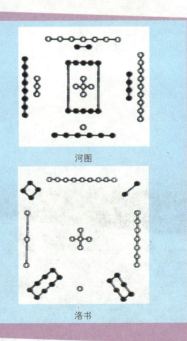

河图

洛书

127

# ●淮河

　　淮河发源于河南省南部的桐柏县与湖北省随州市随县的淮河镇的交界处，全长1000千米，流域地处中国东部，介于长江和黄河两流域之间，位于东经112°~121°，北纬31°~36°，流域面积187000平方千米。淮河流域西起桐柏山、伏牛山，东临黄海，南以大别山、江淮丘陵、通扬运河及如泰运河南堤与长江分界，北以黄河南堤和沂蒙山与黄河流域毗邻。流域地跨河南、安徽、江苏、山东及湖北5省。由于历史上黄河曾夺淮入海，现淮河分为淮河水系及沂沭泗水系，黄河以南为淮河水系，以北为沂沭泗水系。整个淮河流域平均年径流量为621亿立方米，其中淮河水系453亿立方米，沂沭泗水系168亿立方米。流域西部、西南部及东北部为山区、丘陵区，其余为广阔的平原，山丘区面积约占淮河干流总面积的1/3，平原面积约占总面积的2/3。

## 淮河之于南北分界的意义 ＞

　　我国的地理学家把长江与黄河之间的秦岭、淮河看做是我国的东部地区的一条南北方分界线。具体地说，这条分界在甘肃、陕西、河南境内，基本上沿秦岭、伏牛山呈东西走向，到方城县折向东南、经板桥往东进入安徽，然后大致沿淮河干流，至江苏的苏北灌溉总渠延伸入海，全长约1700千米。这条线的南北两侧无论在气候、水文、土壤、植被以及农业生产、人民习俗等方面都有明显的差异。从气候方面来看，它是我国亚热带和暖温带的分界线（零度等温线）。其南侧属亚热带范围，最冷月平均气温不低于0℃，且雨季较长，年平均降水量为750～1300毫米，以北属暖温带范围，冬冷夏热，四季分明，日平均气温低于0℃的寒冷期，普遍在30天以上，雨季较短，年降水量一般不超过800毫米。然而从气候学角度看，我国南北方的分界线也并非一成不变的。有气候专家预测，由于全球性气候变暖，我国的南北方分界线也将由现在的秦岭、淮河一线，推进到黄河以北。

# ● 海 河

海河是中国华北地区流入渤海诸河的总称，海河和上游的北运河、永定河、大清河、子牙河、南运河五大河流及300多条支流组成海河水系，以卫河为源，全长1090千米，其干流自金钢桥以下长73千米，河道狭窄多弯。海河水系东临渤海，南界黄河，西起太行山，北倚内蒙古高原南缘，地跨京、津、冀、晋、鲁、豫、辽、内蒙古八省市区，流域总面积约22.9万平方千米，占全国总面积的2.4%，其中山区约占54.1%，平原占45.9%，人口7000多万，耕地1.8亿亩。

131

# ● 珠 江

珠江是中国南方最大河系, 与长江、黄河、淮河、海河、松花江、辽河并称中国七大江河。珠江横贯中国南部的滇、黔、桂、粤、湘、赣六省(自治区)和越南的北部, 全长2214千米, 河口处平均年径流量3360亿立方米, 流域总面积453690平方千米, 其中442100平方千米在中国境内, 11590平方千米在越南境内。

## 珠江三角洲 >

珠江三角洲，简称珠三角，是组成珠江的西江、北江和东江入海时冲积沉淀而成的一个三角洲，面积1万多平方千米。一般来说其最西点定义在广东三水。珠三角是中国经济最发达、最有活力的都市群。1994年10月8日国家设立珠江三角洲经济区，"珠三角"最初由广州、深圳、佛山、南海、顺德、高明、三水、珠海、东莞、中山、新会、鹤山、江门、开平、恩平、台山十几个中小城市组成，后来，"珠三角"范围调整扩大为由珠江沿岸广州、深圳、佛山、珠海、东莞、中山、惠州、江门、肇庆9个城市组成的区域，这也就是通常所指的"珠三角"或"珠三角经济区"。而"大珠三角"的说法指广东、香港、澳门三地构成的区域。"大珠三角"面积18.1万平方千米，以经济规模论，"大珠三角"相当于长三角的1.2倍。"大珠三角"已成为世界第三大都市群。

133

河流的一生

# ● 辽 河

辽河位于中国东北地区南部，是中国七大江河之一，古代称句骊河，汉称大辽河，五代以后称辽河，清称巨流河。辽河流域地跨河北、内蒙古、吉林、辽宁四省、自治区。上源(西源)为老哈河，发源于河北省平泉县七老图山脉的光头山(海拔1729米)，向东北流经内蒙古自治区苏家堡附近纳西拉木伦河后称西辽河，而后东流到吉林省境内折向南，于辽宁省昌图县福德店与东辽河汇合后称辽河。辽河纳招苏台河、清河、柴河、泛河、柳河等支流，至台安县六间房分流两股，一股西流，称双台子河，纳绕阳河后，于盘山县注入辽东湾；另一股向南流，称外辽河，纳浑河、太子河后称大辽河，经营口注入辽东湾。1958年，在六间房附近将外辽河堵截，使辽河由双台子河入海，浑河、太子河由大辽河入海。

134

HELIUDEYISHENG

# ● 松花江

松花江流域位于中国东北地区的北部，东西长920千米，南北宽1070千米。流域面积55.68万平方千米。松花江是黑龙江右岸最大支流。东晋至南北朝时，上游称速末水，下游称难水。隋、唐时期，上游称粟末水，下游称那河。辽代，全河上下游均称混同江、鸭子河。金代，上游称宋瓦江，下游称混同江。元代，上、下游统称为宋瓦江，自明朝宣德年间始命名为松花江。

松花江有南、北两源，南源为第二松花江，北源为嫩江。南源发源于长白山主峰白头峰天池，海拔高2744米，由天池流出的水流经闼门外流，称二道白河，习惯上以此作为第二松花江的正源。嫩江发源于大兴安岭支脉伊勒呼里山中段南侧，源头称南瓮河，河源高1030米，自河源向东南流约172千米后，在第十二站林场附近与二根河汇合，之后称嫩江。嫩江与第二松花江在吉林省扶余县的三岔河附近汇合后称松花江，干流东流至同江附近由右岸注入黑龙江。以嫩江为源，松花江河流总长2309千米，以第二松花江为源，则为1897千米。从南源的河源至三岔河为松花江上游，河道长958千米，落差1556米。从三岔河至佳木斯为松花江中游，河道长672千米。从佳木斯至河门为松花江下游，河道长267千米，中下游落差共78.4米。

松花江流域范围内山岭重叠，满布原始森林，蓄积在大兴安岭、小兴安岭、长白山等山脉上的木材总量丰富，是中国面积最大的森林区。矿产蕴藏量亦极丰富，除主要的煤外，还有金、铜、铁等。

松花江流域土地肥沃，盛产大豆、玉米、高粱、小麦。此外，亚麻、棉花、烟草、苹果和甜菜亦品质优良。松花江也是中国东北地区的一个大淡水鱼场，每年供应的鲤、卿、鳇、哲罗鱼等，达4000万千克以上。因此，松花江虽然是黑龙江的支流，但对东北地区的工农业生产、内河航运、人民生活等方面的经济和社会意义都超过了黑龙江和东北其他河流。

## 松花江畔的雾凇 〉

位于松花江畔吉林省吉林市的雾凇被誉为中国四大自然奇观之一，每年冬天吸引了数以万计的海内外游客争相前往观赏。

雾凇俗称树挂，在北方常见，是北方冬季可以见到的一种类似霜降的自然现象。这种冰雪美景，是由于雾中无数零摄氏度以下而尚未结冰的雾滴随风在树枝等物体上不断积聚冻粘的结果，表现为白色不透明的粒状结构沉积物。雾凇现象在中国北方是很普遍的，在南方高山地区也会出现，只要雾中有过冷却水滴，并达到一定温度就可形成。那么既然雾凇是大自然中较为常见的现象，在许多地方都能看到它的身影，为什么偏偏吉林市的雾凇一枝独秀呢？这是

因为在吉林存在着"严寒的大气和温暖的江水"这对互相矛盾的自然条件。吉林市冬季气候严寒,清晨气温一般都低至-20℃~-25℃,尽管松花湖面上结了1米厚的坚冰,而从松花湖大坝底部丰满水电站水闸放出来的湖水却在4℃以上。这25℃~30℃的温差使得湖水刚一出闸,就如开锅般地腾起浓雾。这种得天独厚的条件使得吉林市松花江畔的雾凇特别轻柔丰盈、婀娜多姿、美丽绝伦。

# ● 中国最大的内流河——塔里木河

塔里木河由发源于天山的阿克苏河、发源于喀喇昆仑山的叶尔羌河以及和田河汇流而成，流域面积19.8万平方千米，最后流入台特马湖。它是中国第一大内流河，全长2179千米，仅次于伏尔加河、锡尔—纳伦河、阿姆—喷赤—瓦赫什河和乌拉尔河，为世界第5大内流河，我国境内最长的内流河。

# ● 京杭大运河

京杭大运河全长1794千米，是世界上最长的一条人工运河，是苏伊士运河的16倍，巴拿马运河的33倍。大运河北起北京，南至杭州，经天津、河北、山东、江苏、浙江等省市，贯通海河、黄河、淮河、长江、钱塘江五大水系。大运河自开凿至今，经历了2400余年的历史。京杭大运河是中国古代劳动人民创造的一项伟大工程，是祖先留给我们的珍贵物质和精神财富，是活着的、流动的重要人类遗产。大运河肇始于春秋时期，形成于隋代，发展于唐宋，最终在元代成为沟通五大水系、纵贯南北的水上交通要道。在两千多年的历史进程中，大运河为中国经济发展、国家统一、社会进步和文化繁荣作出了重要贡献，至今仍在发挥着巨大作用。

## 河流的一生

## 修建历史 〉

### • 从周至隋

　　大运河始凿于春秋末期。公元前486年吴王夫差为了争霸中原，利用长江三角洲的天然河湖港汊，疏通了由今苏州经无锡至常州北入长江到扬州的"古故水道"，并开凿邗沟（自扬州到江水，东北通过射阳湖，再向西北至淮安入淮河）。后来秦、汉、魏、晋和南北朝继续施工延伸河道。公元587年，隋为兴兵伐陈，从今淮安到扬州，开山阳渎，后又整治取直，中间不再绕道射阳湖。炀帝即位后，都城由长安迁至洛阳，经济要依靠江淮。605年，他下令开通济渠。工程西段自今洛阳西郊引谷、洛二水入黄河；工程东段自荥阳市汜水镇东北引黄河水，循汴水（原淮河支流），经商丘、宿县、泗县入淮通济渠又名汴渠，是漕运的干道。公元608年又开永济渠，引黄河支流沁水入今卫河至天津，继溯永定河通今北京。610年继开江南运河，由今镇江引江水经无锡、苏州、嘉兴至杭州通钱塘江。至此，建成以洛阳为中心，由永济渠、通济渠、山阳渎和江南运河连接而成，南通杭州，北通北京，全长2700余千米的大运河。

## 唐宋两代

唐、宋两代对大运河继续进行疏浚整修。唐时浚河培堤筑岸，以利漕运纤挽。将自晋以来在运河上兴建的通航堰埭，相继改建为既能调节运河通航水深，又能使漕船往返通过的单插板门船闸。宋时将运河土岸改建为石驳岸纤道，并改单插板门船闸为有上下闸门的复式插板门船闸（现代船闸的雏形），使船舶能安全过闸。运河的通过能力也得到了提高。北宋元丰二年（公元1079年），为解决汴河（通济渠）引黄河水所引起的淤积问题，进行了清汴工程，开渠50里，直接引伊洛水入汴河，不再与黄河相连。这一工程兼有引水、蓄水、排泄、治理等多方面的作用。在运输组织方面，唐、宋都专设有转运使和发运使，统管全国运河和漕运。随着运河通航条件的改善和运输管理的加强，运河每年的漕运量由唐初的20万石，逐渐增大到400万石，最高达700万石（约合今11.62亿千克）。由于航运的发展和商业的繁荣，运河沿岸逐渐形成名城苏州和杭州，造船工业基地镇江和无锡，对外贸易港口扬州等重要城市。

## 元代

1194年，黄河在今河南武阳决口，灌封丘南下，夺泗水，从今淮阴夺淮入海。元朝建都大都（今北京）。初期漕运路线，是由江淮溯黄河向西北至封丘（开封北）县中砾镇，转陆运180里至新乡入卫河，水运经天津至今通县，再陆运至大都。这条运输路线不仅绕道过远，且要水陆转运。1282年动工挖济州河，自今济宁引洸、汶、泗水为源，向北开河150里接济水（相当于后来的大清河位置，1855年黄河夺大清河入海）。济州河开通后，漕船可由江淮溯黄河、泗水和济州河直达安山下济水。从济水向北至天津的路线有二，一是由济水入海，经渤海湾至天津；一是由东阿旱站（东平北）向北陆运200里至临清入今卫河。沿前一路线，漕船常遭海涛风浪之险，沿后一路线每遇夏秋霖潦，粮车跋涉艰难。于是在1289年，自济州河向北经寿张、聊城至临清开会通河，长250里，接通卫河。因为会通河位

于海河和淮河之间的分水脊上，所以在会通河上修建了插板门船闸 26 座，并在济宁设水柜，南北分流，以调节航运用水，控制运河水位。会通河建成后，漕船可由济州河、会通河、卫河，再溯白河至通县。1291~1293 年，元朝从通县到大都开通惠河，建闸 20 座。从此，漕船可由通县入通惠河，直达今北京城内的积水潭。至此，今天的大运河路线走向才告初步形成。大运河建成后，元朝专设都漕司正、副二使，总管运河和漕运事宜。但因会通河航道窄浅，水源不足，年漕运量不到 10 万石。

## • 明清两代

明、清两代均建都北京，对元朝大运河进行了扩建。明代整通惠河闸坝，恢复通航；1411 年扩建改造会通河，引汶水入南旺湖，利用南旺湖地势高的有利地形，修建南旺水柜，十分之七的水北流，十分之三的水南流，解决了会通河水源问题，并增建船闸至 51 座。为使运河免受黄河泛滥的影响和避开 360 里的黄河航程，明朝先后在 1528 ~ 1567 年和 1595 ~ 1605 年，自今山东济宁南阳镇以南的南四湖东相继开河 440 里，使原经沛，徐州入黄河的原泗水运河路线（今南四湖西线），改道为经夏镇、韩庄、台儿庄到邳州入黄河的今南四湖东线，即韩庄运河线。此外，为保障运河通航安全，还修建了洪泽湖大堤和高邮湖一带的运河西堤，并在运河东堤建平水闸，以调节运河水位。清朝于

1681~1688 年，在黄河东测，约由今骆马湖以北至淮阴开中河、皂河近 200 里，北接韩庄运河，南接今里运河，从而使运河路线完全与黄河河道分开。明清两代规定运河漕的载重量为 400 石。明朝漕船载重吃水不得超过 3 尺，年漕运量约 400 万石。清代规定漕船载重吃水不得超过 3 尺 5 寸，年漕运量约 400 万石。

1855 年，黄河在河南省铜瓦厢决口北徙，在山东省夺大清河入海，大运河全线南北断航，清朝后期和中华民国时期，曾几度倡议治理运河，但均未付诸实施。

## • 中华人民共和国建国以后

中华人民共和国成立后，于 1953 年和 1957 年兴建江阴船闸和杨柳青、宿迁千吨级船闸，开始了对古老的大运河的部分恢复和扩建工作。1959 年以后，结合南水北调工程，重点扩建了徐州至长江段 400 余千米的运河河段，使运河单向年通

过能力达到近 8000 万吨,并扩大了沿岸灌溉面积和排涝面积,确保里下河地区 1500 万亩农田和 800 万人民生命财产的安全,取得了多方面的效益。

目前大运河济宁以北河段,因水源不足,未能发挥航运效益。济宁以南至杭州河段,已建成 16 座通航梯级,其中大型船闸 12 座。运河及其沿岸河流、湖泊已节节设闸控制,洪水期调泄,枯水期补给,江水北调工程已初具规模。徐州以南河段,船闸年通过船舶吨位已达 1370 余万吨,年货运量达 5500 万吨。为适应货运任务的迅速增长,分流煤炭南运,济宁至杭州段的运河扩建续建工程业已开始,将进一步浚深扩宽航道,加建复线船闸,沟通运河至钱塘江的航道,扩大港口吞吐能力,使运河单向通过能力达到 3500~4000 万吨,承担起年运量 1 亿吨的总货运任务。

京杭大运河显示了中国古代水利航运工程技术领先于世界的卓越成就,留下了丰富的历史文化遗存,孕育了一座座璀璨明珠般的名城古镇,积淀了深厚悠久的文化底蕴,凝聚了中国政治、经济、文化、社会诸多领域的庞大信息。大运河与长城同是中华民族文化身份的象征。保护好京杭大运河,对于传承人类文明,促进社会和谐发展,具有极其重大的意义。

图书在版编目（CIP）数据

河流的一生/于川，张玲，刘小玲编著.—北京：
现代出版社，2012.12
  ISBN 978-7-5143-0902-7

  Ⅰ．①河…  Ⅱ．①于…②张…③刘…  Ⅲ．①河流－
青年读物②河流－少年读物  Ⅳ．①P941.77-49

  中国版本图书馆CIP数据核字(2012)第274897号

## 河流的一生

| | |
|---|---|
| 作　　者 | 于　川　张　玲　刘小玲 |
| 责任编辑 | 袁　涛 |
| 出版发行 | 现代出版社 |
| 地　　址 | 北京市安定门外安华里504号 |
| 邮政编码 | 100011 |
| 电　　话 | (010) 64267325 |
| 传　　真 | (010) 64245264 |
| 电子邮箱 | xiandai@cnpitc.com.cn |
| 网　　址 | www.modernpress.com.cn |
| 印　　刷 | 汇昌印刷（天津）有限公司 |
| 开　　本 | 710×1000　1/16 |
| 印　　张 | 9 |
| 版　　次 | 2013年1月第1版　2021年3月第3次印刷 |
| 书　　号 | ISBN 978-7-5143-0902-7 |
| 定　　价 | 29.80元 |